U0839094

中国野外观花系列 02

HANDBOOK OF
WILD FLOWERS IN
NORTHEAST CHINA

东北野外观花手册

李　敏　周　繇　编著

河南科学技术出版社
·郑州·

图书在版编目（CIP）数据

东北野外观花手册 / 李敏，周繇编著．— 郑州：河南科学技术出版社，2015.2
（中国野外观花系列）
ISBN 978-7-5349-7202-7

Ⅰ．①东… Ⅱ．①李… ②周… Ⅲ．①野生植物—花卉—东北地区—手册 Ⅳ．① Q949.408-62

中国版本图书馆 CIP 数据核字 (2014) 第 162117 号

生物中国 总策划：周本庆

出版发行：河南科学技术出版社
地址：郑州市经五路 66 号 邮编：450002
电话：（0371）65737028 65788613
网址：www.hnstp.cn
策 划：李 敏 责任编辑：杨秀芳 陈 艳
封面设计：张 伟 版式设计：宣 晶 赵明月
责任校对：柯 姣 责任印制：张 巍
印 刷：北京盛通印刷股份有限公司
经 销：全国新华书店
幅面尺寸：113mm × 181mm 印张：8 字数：215 千字
版 次：2015 年 2 月第 1 版 2015 年 2 月第 1 次印刷
定 价：39.80 元

如发现印、装质量问题，影响阅读，请与出版社联系并调换。 版权所有 侵权必究

序

我国地域辽阔，横跨寒温带、温带、亚热带和热带，囊括了全球除极地冻原以外的所有主要植被类型，有草原、荒漠、热带雨林、常绿阔叶林、落叶阔叶林、针叶林、高原高寒植被等，仅有花植物就有近 3 万种，是世界野生植物资源最为丰富的国家之一，被誉为“世界园林之母”。

中国植物图像库（www.plantphoto.cn）自 2008 年建站以来，得到各界学者、友人的大力支持，注册用户达 23 000 余人，共享各类植物彩色照片 200 万余幅，涵盖了中国野生植物一半以上的种类。我们从中精选出具有重要观赏价值的野生花卉 2 000 余种，照片 6 500 余幅，按照我国七大行政地理分区，分为华北、东北、华东、华中、华南、西南、西北七册出版。在物种选择上尽可能地包括本地区最具有观赏价值的野生花卉，同时为兼顾在科属水平上的代表性，同属植物仅收录其最常见到的物种。本册收录了东北地区具有重要观赏价值的野生花卉 64 科 196 属 317 种，其中 230 种为主要描述种，重点介绍了植物的分类、识别特征、花期和分布等信息，部分物种还选取了与其形态上相似的 1~2 个相近物种进行了简要描述。

为方便查找使用，本手册按照花色和花型为序编排。需要特别说明的是，植物花朵万紫千红，部分物种花色变异丰富多彩，我们将花瓣最主要的颜色分为白、黄、橙、红、紫、蓝、棕、绿等八种颜色予以索引，请使用时在相近的颜色中查阅。部分花型也仅是看起来像或者接近的花型，而非科学分类，部分可能显得比较牵强，请使用者注意辩证看待。本手册还配有常用术语图解、本地区野生花卉资源等专题性说明，文后还有中文名索引、拉丁名索引等。希望本书能成为您野外郊游识别植物的好参谋。

由于编者时间及精力有限，准备和推敲不够，错误、疏漏及欠缺之处，敬请广大读者批评指正。

中国科学院植物研究所
系统与进化植物学国家重点实验室 李 敏

通化师范学院 周 繇

二〇一四年十二月

使用指南

分类名称

分别为拼音、中文名、俗名、拉丁学名*、科属。

* 拉丁学名以《Flora of China》为标准。

生境、花期**

** 花期受纬度、海拔和气温的影响较大。

形态特征

主要参考《中国植物志》网站（frps.eflora.cn）数据，有删减。

相近种概述

简要介绍与本种花形相近（花色可能不同）的 1~2 种花卉的特征，以及对应的图片编号。

dùlí
杜梨
Pyrus betulifolia Bunge
科属：蔷薇科，梨属。
生境：平原或山坡阳处。
花期：4月。

乔木。树冠开展，枝常具刺；二年生枝条紫褐色。叶片菱状卵形至长圆卵形，先端渐尖，基部宽楔形，具齿。伞形总状花序，有花 10~15 朵；苞片膜质，线形，早落；萼片三角卵形，先端急尖，全缘；花瓣宽卵形，先端圆钝，基部具有短爪，白色；雄蕊 20 枚，花药紫色，长约花瓣之半；花柱 2~3 个。果实近球形，褐色，有淡色斑点，萼片脱落。①②③

相近种　山荆子（*Malus baccata* (Linnaeus) Borkhausen）萼片披针形，先端渐尖；花瓣白色，倒卵形，基部有短爪④。

16

检索顺序（快速索引页码参见护封握口）

第一步：判断花色

白　黄　橙　红　紫　蓝　棕　绿

第二步：判断花型

辐射对称花　头状花序　左右对称花　穗状花序　伞状花序

dàhuāsháolán
大花杓兰
Cypripedium macranthos Swartz
科属：兰科，杓兰属。
生境：林下、林缘或草坡。
花期：6~7月。

多年生草本。片通常5枚，长椭圆形至宽椭圆形，全缘，基部渐狭成鞘状抱茎。花苞片下部者叶状，但明显小于下部叶片；花顶生，紫色，常1朵，偶有2朵者；中萼片宽卵形；合萼片比中萼片短与狭，先端二齿状裂；花瓣卵状披针形；唇瓣卵球形，内折侧裂片舌状三角形；退化雄蕊矩圆状卵形；花药扁球形。子房弧曲。①②③

相近种　紫点杓兰（*Cypripedium guttatum* Swartz）花单生茎顶，白色，带紫色斑点④。

175

花色花型索引

花色和花型排序，底色为花色、图案为花型。

花型大致分为辐射对称花、头状花序、左右对称花、穗状花序、伞状花序五类。一般花小而多的，则按照花序排列。

目 录

术语图解

花的结构

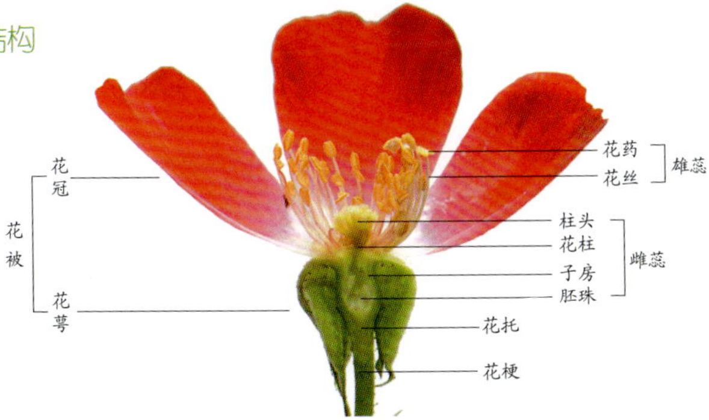

花是被子植物的繁育器官，在其生活周期中占有极其重要的地位。花可以看作是一种不分枝，节间缩短，适应于生殖的变态短枝，花梗和花托是枝条的一部分，花萼、花冠、雌蕊和雄蕊是着生于花托上的变态叶。

同时具有花萼、花冠、雌蕊和雄蕊的花为完全花，缺少其中一部分的花为不完全花。一朵花中既有雌蕊又有雄蕊的花是两性花，只有雌蕊的单性花为雌花，只有雄蕊的单性花为雄花。部分植物无花冠称为单被花，其花萼特化为花瓣状，如铁线莲、郁金香等。生于花下方的叶称为苞片，有时也特化为花瓣状，如珙桐、四照花、叶子花等。

花型

十字形花冠

漏斗状花冠

钟状花冠

轮(辐)状花冠

蝶形花冠

唇形花冠

筒状花冠

舌状花冠

花序

总状花序

穗状花序

头状花序

伞形花序

伞房花序

叶的结构

叶型

叶形

叶缘

叶序

东北观花指南

本手册所指东北地区包括黑龙江、吉林、辽宁三省，位于我国的东北部，西面及西南面与华北地区相接，北面及东面与俄罗斯、朝鲜接壤，南面为渤海、黄海所环绕，与华东地区隔海相望。

东北地区的范围相当于我国的寒温带和温带湿润、半湿润地区，以冷湿的森林和草甸草原景观为主。地势东北、西北高，西南、东南低，以山地丘陵和平原为主。主要的山地包括长白山、大兴安岭、小兴安岭，是东北地区生态系统的重要天然屏障。主要的平原有三江平原、松嫩平原和辽河平原，土壤肥沃，土层深厚，一部分区域被深厚的黑土层所覆盖，是世界三大黑土层分布区之一。区域内主要河流分属黑龙江、松花江和乌苏里江三大水系，径流量及地下水储量丰富，包括黑龙江、乌苏里江、松花江、鸭绿江和图们江等多条中俄、中朝界河。东北地区多火山堰塞湖，主要湖泊包括白头山天池、五大连池、镜泊湖、兴凯湖、查干湖等，其中位于长白山主峰白头山上的天池，是我国最深的湖泊。东北地区普遍存在季节性冻土，并广泛分布有类型复杂多样的沼泽，包括木本泥炭沼泽、草本泥炭沼泽、藓类泥炭沼泽和潜育沼泽等类型，其中黑龙江省的洪河湿地、南翁河湿地、三江湿地、七星河湿地、珍宝岛、兴凯湖、扎龙湿地，吉林省的向海湿地，辽宁省的大连斑海豹自然保护区（长兴岛）、双台河口湿地被列入《国际重要湿地名录》。

东北地区气候以寒温带、温带大陆性季风气候为主，具有寒冷而漫长的冬季，温暖、湿润而短促的夏季，并有可靠的一年一熟的农业生长季和有效的降水量。与同纬地区比较，东北地区冬季气温很低，夏季气温较高，因此，气温年较差很大，居世界同纬地区之冠。本区的土壤类型复杂，分布较广的地带性土壤有寒温带的寒棕壤，温带的暗棕壤、黑土和黑钙土，隐域性土壤有白浆土、草甸土、沼泽土等，常和地带性土壤呈复域分布，有机质或腐殖质层深厚，含量又高，极为肥沃。

东北地区约有维管束植物 2 670 种，区域特有现象不显著，树木种类不多，植物种类有自东南向西北逐渐减少的趋势，但东北地区却是我国森林面积最大的区域。区域内的黑龙江小兴安岭丰林阔叶红松林、凉水阔叶红松林和谷地云冷杉林以及吉林省的长白山阔叶红松林作为温带森林的代表被列入中国森林生物多样性监测网络。东北地区植被具有一定的过渡特征，是亚欧大陆温带草原的最东端，寒温带针叶林的最南端，暖温带夏绿林的最北缘。这些植被类型交汇于此，组成成分相互渗透。同时，因受强大的冬季风影响，这些反映地带性的植被，都有向南偏移趋势。本区植被按区系组成，大致可分为三大部分，即达乌里区系、长白区系和蒙古区系，不同区系间植物相互渗透、交叉，生境、习性多样。山地多为森林植被，平原出现森林草原和草原植被，其中也星散分布着各种湿地植被，生物多样性十分丰富。

本手册收录了具有重要观赏价值的野生花卉 64 科 196 属 317 种，重点介绍了野花的识别分类特征、花期和分布，其中 230 种为主种，并对其中 1~2 近似种进行了描述，这里的近似种仅指形态上的相似，并不一定有亲缘关系。

东北地区推荐的野外观花地点有：黑龙江省大、小兴安岭林区，完达山区，兴凯湖；吉林省的长白山地区，龙湾群国家森林公园；辽宁省的棋盘山森林公园，盘锦海岸湿地等。

jílinyánlíngcǎo

吉林延龄草

Trillium camschatcense Ker Gawl.

科属：百合科，延龄草属。
生境：林下、林边或潮湿之处。
花期：6月。

多年生草本。茎丛生于粗短的根状茎上，基部有1~2枚褐色的膜质鞘叶。叶3枚，无柄，轮生于茎顶，广卵状菱形或卵圆形，先端渐尖或急尖，基部楔形，两面光滑。花单生，花梗自叶丛中抽出；花被片6枚，外轮3枚卵状披针形，绿色，内轮3枚白色，少有淡紫色，椭圆形或广椭圆形；雄蕊6枚，花药比花丝长，药隔稍突出；子房上位，圆锥状，柱头3深裂，裂片反卷。浆果近圆形，具多数种子，种子近长圆形，具倒生的肉质种阜。①②③④

shuǐbiē

水鳖 马尿花

Hydrocharis dubia (Blume) Backer

科属：水鳖科，水鳖属。

生境：静水池沼中。

花期：8~10 月。

多年生浮水草本。匍匐茎，茎褐绿色，茎上生须根和花。叶片圆心形，下面微带红紫色，有广卵形气室，当叶片挺出水面后常消失，全缘。花单性，生于佛焰苞内。雄花 2~3 朵，萼片 3 枚，草质，花瓣 3 枚，白色，膜质；雄蕊 6~9 枚，仅有 3~6 枚能育。雌花单生，萼片 3 枚，花瓣 3 枚，宽卵形，白色，有 6 枚退化雄蕊，子房下位，柱头 6 个。①②③④

yěcígū

慈姑 野慈姑

Sagittaria trifolia L.

科属：泽泻科，慈姑属。
生境：湖泊、池塘、沼泽等水域。
花期：5~10月。

多年生水生或沼生草本。挺水叶箭形，叶片长短、宽窄变异很大；叶柄基部渐宽，鞘状，边缘膜质。花葶直立，挺水，通常粗壮。花序总状或圆锥状，具分枝，具花多轮，每轮2~3朵花。花单性；花被片反折，外轮花被片椭圆形或广卵形；内轮花被片白色或淡黄色，基部收缩，雌花通常1~3轮，花梗短粗，心皮多数，两侧压扁；雄花多轮，花梗斜举，雄蕊多数，花药黄色，花丝长短不一，通常外轮短，向里渐长。瘦果两侧压扁，倒卵形，具翅；果喙短。①②③④

zéxiè

泽泻

Alisma plantago-aquatica L.

科属：泽泻科，泽泻属。

生境：浅水带及低洼湿地。

花期：5~10 月。

①

②

③

④

多年生水生或沼生草本。叶通常多数；沉水叶条形或披针形；挺水叶宽披针形至卵形，先端渐尖，基部宽楔形至浅心形，叶柄基部渐宽。花葶高 78 厘米或更高；花序具 3~9 轮二回分枝。花两性；外轮花被片广卵形，边缘膜质，内轮花被片近圆形，远大于外轮，边缘具不规则粗齿，白色、粉红色或浅紫色；心皮多数，排列整齐，花柱直立，长于心皮；花药椭圆形，黄色或淡绿色；花托平凸，近圆形。瘦果椭圆形或近矩圆形，果喙自腹侧伸出。①②③④

cǎozhūyú

草茱萸

Cornus canadensis L.

科属：山茱萸科，山茱萸属。
生境：山区。
花期：5 月。

极危种。多年生草本。叶对生或 3 对叶于茎顶呈轮生状，倒卵形至菱形，先端突尖，基部渐窄，全缘。花小，白绿色，两性或单性，辐射对称；花序为头状聚伞花序，花序梗细圆柱形；花序基部有时具 4 枚白色花瓣状总苞片，总苞片宽卵形；花瓣 4 枚，淡绿白色，卵状披针形，离生；雄蕊 4 枚，花药狭卵形，2 室，纵裂；花盘墩状；子房下位，花柱单一，圆柱形，柱头头状或 2~5 裂。花梗细圆柱形。果实为核果，圆球形，红色，有 1 粒卵形种子。①②③④

chāoxiǎnyínyánghuò

朝鲜淫羊藿 淫羊藿

Epimedium koreanum Nakai

科属：小檗科，淫羊藿属。

生境：林下或灌丛中。

花期：4~5 月。

近危种。多年生草本。基生叶通常缺如；茎生叶单生茎顶，有长柄，为二回三出复叶；小叶 9 枚，小叶薄革质，有长柄，卵形，先端锐尖，基部深心形，歪斜。总状花序，通常着生 4~6 朵花；花梗短；花较大；萼片 8 枚，卵状披针形，带淡紫色，外轮 4 枚较小，内轮 4 枚较大；花瓣 4 枚，淡黄色或黄白色，近圆形，有长距，距的顶端具腺；雄蕊长 3~5 毫米，花药长约 4 毫米，先端尖；子房 1 室，花柱伸长。蒴果狭纺锤形，2 瓣裂。①②③④

dōngběishānméihuā

辽东山梅花 东北山梅花

Philadelphus schrenkii Rupr.

科属：虎耳草科，山梅花属。
生境：杂木林中。
花期：6~7 月。

灌木。叶对生，卵形至椭圆状卵形，叶较厚，近革质，基部宽楔形或近圆形，先端短渐尖，边缘疏生乳头状锯齿。总状花序 5~7 朵花；萼筒钟状；裂片 4 枚，三角状卵形；花瓣 4 枚，白色，倒卵状圆形；花柱上部 4 裂，柱头钝圆形。蒴果球状倒圆锥形。①②③

相近种 **薄叶山梅花** ***Philadelphus tenuifolius*** Rupr. ex Maxim. 总状花序有花 3~7 朵，花序轴、花萼黄绿色，花冠盘状，花瓣白色，卵状长圆形，顶端圆，稍 2 裂④。

yuèjú

越橘 越桔

Vaccinium vitis-idaea L.

科属：杜鹃花科，越橘属。

生境：林下、高山草原或水湿台地。

花期：6~7月。

匍匐小灌木。叶革质，互生，倒卵形或椭圆形，先端钝或圆形，或微凹，基部楔形，叶缘上部有不明显锯齿，或全缘，稍反卷；叶柄极短。总状花序，少花，着生在小枝的顶端，花稍下垂；苞片鳞片状，红色，小苞片 2 枚，卵形，脱落；花萼短，钟形，4 裂，裂片广卵形，先端尖；花冠钟形，白色或淡红色，4 裂；雄蕊 8 枚。浆果，圆形，熟时红色，味偏酸。①②③④

báitán

白檀

碎米子树，乌子树

Symplocos paniculata (Thunb.) Miq.

科属：山矾科，山矾属。

生境：山坡、路边、疏林或密林中。

花期：4~6月。

落叶灌木或小乔木。叶膜质或薄纸质，宽倒卵形、椭圆状倒卵形或卵形，先端渐尖或急尖，基部宽楔形或近圆形，有细尖锯齿；具短叶柄。圆锥花序；苞片早落，条形，有褐色腺点。花萼筒褐色，裂片半圆形或卵形，稍长于萼筒，淡黄色，有纵脉纹，边缘有毛；花冠白色，5深裂几达基部；雄蕊40~60枚；子房2室；花盘具5凸起腺点。核果熟时蓝色，卵状圆形，稍偏斜，宿萼裂片直立。①②③④

běiyúhuángcǎo

北鱼黄草 西伯利亚鱼黄草

Merremia sibirica (L.) Hallier f.

科属：旋花科，鱼黄草属。
生境：路边、田边、山地草丛或山坡灌丛。
花期：夏、秋季。

缠绕草本。各部近无毛。茎具棱。叶卵状心形，长 3~13 厘米，先端长渐尖或尾尖，全缘或浅波状；叶柄长 2~7 厘米。聚伞花序腋生，具花 3~7 朵，花序梗长 1~6.5 厘米，具棱；苞片线形。花梗长 0.3~1.5 厘米，向上增粗；萼片近相等，椭圆形，长 5~7 毫米，先端具钻状小尖头；花冠淡红色，钟状，长 1.2~1.9 厘米，冠檐裂片三角形。蒴果近圆形，顶端圆，径 5~7 毫米。种子椭圆状三棱形，长 3~4 毫米，无毛。①②③④

chángbáihǔěrcǎo

条裂虎耳草 长白虎耳草

Saxifraga laciniata Nakai & Takeda

科属：虎耳草科，虎耳草属。

生境：草甸或石隙。

花期：7~8 月。

多年生小草本。叶均基生，莲座丛状，叶片匙状楔形，先端急尖，基部渐狭，边缘有锐尖锯齿。圆锥花序，有少数或多数花；苞片披针形或条形；花瓣 5 枚，白色，狭卵形，基部近箭形，有 2 枚黄色斑点，具短爪；雄蕊 10 枚，花丝狭条形；心皮 2 枚，大部合生，花柱短。①②③

相近种　**斑点虎耳草** ***Saxifraga nelsoniana*** D. Don 萼裂片 5 枚，卵形，绿色有时带紫红色，花后反卷；花瓣 5 枚，白色或淡紫红色，有橙色斑点或无，基部具爪，先端钝④。

chǐyèbáijuānméi

齿叶白鹃梅 锐齿白鹃梅

Exochorda serratifolia S. Moore

科属：蔷薇科，白鹃梅属。

生境：山坡、河边、灌木丛中。

花期：5~6月。

易危种。落叶灌木。小枝圆柱形，幼时红紫色，老时暗褐色。叶片椭圆形或长圆倒卵形，先端急尖或圆钝，基部楔形或宽楔形，中部以上有锐锯齿，下面全缘。总状花序，有花4~7朵；花萼筒浅钟状；萼片三角卵形，先端急尖，全缘；花瓣长圆形至倒卵形，先端微凹，基部有长爪，白色；雄蕊25枚，着生在花盘边缘，花丝极短；心皮5枚，花柱分离。蒴果倒圆锥形，具5条脊棱。①②③④

dàhuāyínliánhuā

大花银莲花

***Anemone sylvestris* L.**

科属：毛茛科，银莲花属。

生境：草坡、林边、草原或多沙山坡。

花期：5~6 月。

多年生草本。基生叶 3~9 枚，具长柄；叶心状五角形，3 全裂，中裂片菱形或倒卵状菱形，3 裂，疏生齿，侧裂片斜扇形，2 深裂。花葶直立；苞片 3 枚，具柄，似基生叶，较小。萼片 5 枚，白色，倒卵形；雄蕊多数；心皮 180~240 枚。瘦果，具短柄。①②③

相近种　**长毛银莲花** ***Anemone narcissiflora*** subsp. ***crinita*** (Juz.) Kitag. 花梗 2~5 条，自总苞片中发出，呈聚伞状花序或单花，花白色④。

dōngběilǐ

东北李 乌苏里李

Prunus ussuriensis Kovalev & Kostina

科属：蔷薇科，李属。

生境：林边或溪流附近。

花期：4~5 月。

乔木，多分枝呈灌木状。叶片长圆形至倒卵长圆形，先端尾尖至急尖，基部楔形；叶柄短。花 2~3 朵簇生或单生；萼筒钟状，萼片长圆形，先端圆钝，边缘有细齿；花瓣白色，长圆形，先端波状，基部楔形，有短爪；雄蕊多数，花丝长短不等，排成紧密 2 轮；雌蕊 1 枚，花柱与雄蕊近等长。核果较小，卵圆形至长圆形，紫红色。①②③

相近种　稠李 ***Padus avium*** Mill. 总状花序多花，通常 20 余朵花；花瓣白色，倒卵圆形④。

dōngfāngcǎoméi

东方草莓

Fragaria orientalis Losinsk.

科属：蔷薇科，草莓属。

生境：山坡草地或林下。

花期：5~7 月。

1

2

3

4

多年生草本。叶为三出小叶复叶；小叶质较薄，近无柄，倒卵形或菱状卵形，先端圆钝或急尖，顶生小叶基部楔形，侧生小叶基部偏斜，有缺刻状锯齿，沿脉较密；叶柄被开展柔毛。花序聚伞状，有 2~5 朵花，基部苞片淡绿色或成小叶状。花两性，稀单性，径 1~1.5 厘米；萼片卵状披针形，先端尾尖，副萼片线状披针形，稀 2 裂；花瓣白色，近圆形；雄蕊 18~22 枚；雌蕊多数。聚合果半圆形，成熟后紫红色，宿萼开展或微反折。①②③④

dúlìhuā

独丽花

Moneses uniflora (L.) A. Gray

科属：杜鹃花科，独丽花属。

生境：山地满布苔藓的暗针叶林下。

花期：7~8 月。

常绿矮小草本状亚灌木。根茎细，线状，有分枝。叶对生或近轮生于茎基部；叶薄革质，圆卵形或近圆形，先端钝圆，基部近圆或稍宽楔形，下延至叶柄，有锯齿，下面淡绿色。花葶有窄翅，有 1~2 枚鳞叶，花单生花葶顶端，半下垂。花萼 5 全裂；花瓣 5 枚，水平张开，花冠碟状，半下垂，白色，芳香；无花盘；雄蕊 10 枚，花药有较长的小角，顶端孔裂；花柱直立，柱头 5 裂。蒴果近圆形。①②③④

fēngxiāngguǒ

阿穆尔风箱果，托盘幌 **风箱果**

Physocarpus amurensis
(Maxim.) Maxim.

科属：蔷薇科，风箱果属。
生境：山沟中，在阔叶林边，常丛生。
花期：6月。

易危种。灌木。树皮纵向剥裂。小枝稍弯曲，幼时紫红色，老时灰褐色。叶三角状卵形或宽卵形，3~5 浅裂，先端尖或渐尖，基部心形或近心形，稀截形，边缘有重锯齿；托叶线状披针形，早落。伞房状花序；萼片三角形；花瓣倒卵形，白色；雄蕊 20~30 枚，花药紫色；雌蕊 2~4 枚。蓇葖果膨大，卵形，开裂。①②③④

gāoshānlóngdǎn

高山龙胆 白花龙胆，苦龙胆

Gentiana algida Pall.

科属：龙胆科，龙胆属。

生境：草地、灌丛中、林下、高山冻原。

花期：7~9 月。

多年生草本。叶多基生，线状椭圆形或线状披针形，具长柄；茎生叶 1~3 对，窄椭圆形或椭圆状披针形。花 1~3 朵，顶生。花近无梗；花萼钟形或倒锥形，萼齿线状披针形或窄长圆形；花冠黄白色，具深蓝色斑点，筒状钟形或漏斗形，裂片三角形或卵状三角形，褶偏斜，平截。①②③

相近种　**长白山龙胆** *Gentiana jamesii* Hemsl. 花 1~3 朵，顶生，无梗；萼筒状，绿色；花蓝紫色，裂片 5 枚，卵形，先端钝或具小齿④。

gōuchǐsōushū

李叶溲疏

钩齿溲疏

Deutzia baroniana Diels

科属：虎耳草科，溲疏属。

生境：山坡灌丛中。

花期：4~5 月。

灌木。叶纸质，卵状菱形或卵状椭圆形，先端尖，基部楔形，具不整齐或长短相间锯齿。聚伞花序，具 1~3 朵花。萼筒浅杯状，裂片线状披针形，花瓣白色，倒卵状长圆形或倒卵状披针形，镊合状排列；外轮雄蕊花丝先端具 2 枚齿，花药长圆形，具柄，内轮较短，形状同外轮。蒴果半圆形，宿萼裂片外弯。①②③

相近种　大花溲疏 ***Deutzia grandiflora*** Bunge 聚伞花序，具花 1~3 朵，花瓣白色，长圆形或倒卵状长圆形，先端圆形，中部以下收狭，外轮雄蕊略长④。

hànshēngdiǎndìméi

旱生点地梅

Androsace lehmanniana Spreng.

科属：报春花科，点地梅属。

生境：干旱的山坡和谷地。

花期：6~7 月。

①

②

③

④

多年生草本。由着生于根出条上的叶丛形成疏丛，莲座状叶丛。叶呈不明显 2 型；无柄；外层叶舌状长圆形，除缘毛外近无毛；内层叶椭圆状倒卵形或椭圆状披针形，先端钝圆，基部楔状渐窄，上面无毛，下面被稀疏粗毛或渐无毛，边缘具开展长髯毛。花葶被长柔毛；伞形花序具花 3~6 朵；苞片窄椭圆形，被长柔毛。花梗短于或近等长于苞片，被长柔毛；花萼分裂达中部，裂片卵圆形，被柔毛；花冠白色或粉红色，裂片宽倒卵形，近全缘。①②③④

luómó

萝藦

老鸹瓢，奶浆藤

Metaplexis japonica (Thunb.) Makino

科属：萝藦科，萝藦属。
生境：林边荒地、河边、路旁灌丛中。
花期：7~8 月。

①

②

③

④

多年生草质藤本。植株长达 8 米，具乳汁；茎圆柱状，下部木质化。叶膜质，卵状心形。总状式聚伞花序腋生或腋外生，具长总花梗；花冠白色，有淡紫红色斑纹，近辐状，花冠筒短，花冠裂片披针形，张开，顶端反折；副花冠环状，着生于合蕊冠上，短 5 裂，裂片兜状；雄蕊连生成圆锥状，并包围雌蕊在其中，花药顶端具白色膜片；花粉块卵圆形，下垂；子房无毛，柱头延伸成 1 长喙，顶端 2 裂。蓇葖果双生，纺锤形。①②③④

máoyīngtáo

毛樱桃 梅桃，山樱桃

Cerasus tomentosa

(Thunb.) Wall. ex T. T. Yu & C. L. Li

科属：蔷薇科，樱属。

生境：山坡林中、林缘、灌丛中或草地。

花期：4~5 月。

落叶灌木，稀小乔木。树皮灰褐色，鳞片状开裂，枝条灰褐色；托叶条形，有不整齐的锯齿，与叶柄近等长，叶片密集倒卵形或宽椭圆形，先端渐尖，基部楔形或宽楔形，边缘有不整齐锯齿。花单生或两朵并生，先于叶开放或与叶同时开放，花梗极短或几无花梗，花萼筒状，萼片卵圆形，直立或开展，有锯齿；花瓣 5 枚，白色，初时淡粉红色；雄蕊多数；子房卵圆形，密被短柔毛。核果圆形，熟时深红色或黄色。①②③④

méihuācǎo

梅花草

Parnassia palustris L.

科属：虎耳草科，梅花草属。
生境：潮湿山坡、草地等阴湿地。
花期：7~9 月。

多年生草本。基生叶 3 枚至多数，卵形或长卵形，先端圆钝或渐尖，常带短尖头，基部近心形，全缘，薄而微外卷，常被紫色长圆形斑点；具长柄，托叶膜质。茎 2~4 条，近中部具 1 叶，茎生叶与基生叶同形；基部常有铁锈色附属物，无柄，半抱茎。花单生茎顶；萼片椭圆形或长圆形；花瓣白色，宽卵形或倒卵形，全缘，常有紫色斑点；雄蕊 5 枚，花丝扁平，长短不等；退化雄蕊 5 枚，具分枝；子房上位，花柱极短，柱头 4 裂。蒴果，4 瓣裂。①②③④

qiúguǒjiǎshājīnglán

球果假沙晶兰 长白拟水晶兰

Monotropastrum humile (D. Don) H. Hara

科属：杜鹃花科，沙晶兰属。

生境：针阔混交林或阔叶林下。

花期：6~7 月。

腐生草本。地上部分白色，半透明。叶鳞片状，互生，长圆形、宽椭圆形、宽倒卵形或披针状长圆形，全缘或有细小齿。花单一，顶生，下垂。花冠管状钟形；花瓣 3~5 枚，长方状长圆形，边缘外卷，基部呈小囊状；雄蕊 8~12 枚，花药被小疣；柱头中央凹入呈漏斗状。浆果近卵圆形或椭圆形，下垂。①②③④

qiūzǐlí

沙果梨，酸梨 **秋子梨**

Pyrus ussuriensis Maxim.

科属：蔷薇科，梨属。
生境：山区。
花期：5月。

乔木。树冠宽阔。叶卵形至宽卵形，先端渐短尖，基部圆形或近心形，稀宽楔形，边缘具带刺芒状尖锐锯齿，上下两面无毛或在幼时被绒毛，后脱落；叶柄长2~5厘米，无毛。花序密集，有5~7朵花，花梗长1~5厘米；萼片宽三角状披针形，先端渐尖，边缘有腺齿，外面无毛，内面密被绒毛；花瓣倒卵形或广卵形，先端圆钝，基部具短爪，无毛，白色；雄蕊20枚，短于花瓣，花药紫色；花柱5个，基部有稀疏柔毛。果近圆形，黄色，萼片宿存，基部微下陷。①②③④

sǎnhuāqiángwēi

伞花蔷薇 刺玫果，钩脚藤

Rosa maximowicziana Regel

科属：蔷薇科，蔷薇属。

生境：路旁、沟边、山坡向阳处或灌丛中。

花期：6~7 月。

小灌木。小叶 7~9 枚，小叶片卵形至长圆形，先端急尖或渐尖，基部宽楔形或近圆形，边缘有锐锯齿；托叶大部贴生于叶柄，离生部分披针形。花数朵成伞房状排列；苞片长卵形；萼片三角卵形，先端长渐尖，全缘，有时有 1~2 裂片，萼筒和萼片外面有腺毛；花瓣白色或带粉红色，倒卵形，基部楔形，花柱结合成束，伸出，约与雄蕊等长。果实卵圆形，黑褐色，有光泽，萼片在果熟时脱落。①②③④

sānlièguāmù

三裂瓜木

Alangium platanifolium
var. ***trilobum*** (Miq.) Ohwi

科属：八角枫科，八角枫属。
生境：向阳山坡或疏林中。
花期：3~6 月。

落叶灌木或小乔木。树皮光滑，浅灰色；小枝细圆柱形，常略呈“之”形弯曲，有短柔毛。叶互生，纸质，近圆形，常 3~5 裂，先端渐尖，基部近心形或宽楔形，边缘波状或钝锯齿状；具长叶柄。花 1~7 朵集成腋生的聚伞花序，花序梗长 1.5~2 厘米；花萼近钟形，裂片 5 枚，三角形；花瓣白色或黄色，6~7 裂，芳香，条形；花丝微扁，花药黄色；子房 1 室，花柱粗壮。核果卵形，花萼宿存。①②③④

shānjīngzi

山荆子 林荆子，山定子

Malus baccata (L.) Borkh.

科属：蔷薇科，苹果属。

生境：山坡杂木林中及山谷阴处灌木丛中。

花期：4~6 月。

乔木。叶椭圆形或卵形，先端渐尖，基部楔形或圆形，边缘有细锐锯齿；具长柄，托叶膜质，披针形，早落。花 4~6 朵组成伞形花序，集生枝顶，具长花梗；萼片披针形，先端渐尖，比被丝托短；花瓣白色，倒卵形，基部有短爪；雄蕊 15~20 枚；花柱 4 或 5 个。果近圆形，红色或黄色，萼片脱落，具长果柄。①②③

相近种 **山楂海棠** ***Malus komarovii*** (Sarg.) Rehder 伞房花序生于枝顶，具花 5~10 朵，花瓣 5 枚，白淡蔷薇色，近圆形④。

shānmàzhàcǎo

旱麦瓶草 山蚂蚱草

Silene jenisseensis Willd.

科属：石竹科，蝇子草属。

生境：山坡草地、山谷或草原等处。

花期：7~8 月。

多年生草本。根粗壮，木质。茎丛生，直立或近直立，不分枝，基部常具不育茎。基生叶叶片狭倒披针形或披针状线形，基部渐狭成长柄状，顶端急尖或渐尖；茎生叶少数，较小，基部微抱茎。假轮伞状圆锥花序或总状花序。花白色或淡绿白色；苞片基部卵形，合生；萼筒状，具 10 条脉，先端具网结，有时带紫色，果期膨大为筒状钟形，萼齿卵形；花被片二叉状中裂。雄蕊稍比花冠超出；子房长圆形，花柱 3 个，超出花冠。①②③④

shānyīnghuā

山樱花 野生福岛樱，樱花

Cerasus serrulata (Lindl.) Loudon

科属：蔷薇科，樱属。
生境：山谷林中或栽培。
花期：4~5 月。

乔木。叶卵状椭圆形或倒卵状椭圆形，先端渐尖，基部圆，具齿。花序伞房总状或近伞形，有 2~3 朵花；总苞片褐红色。花瓣白色，稀粉红色，倒卵形，先端下凹。核果圆形或卵圆形，熟后紫黑色。①②

相近种　山杏 ***Armeniaca sibirica*** (L.) Lam. 幼叶多为席卷式，少数为对折式；花多两朵簇生，萼片紫红褐色，花瓣粉白色③。**东北杏** ***Armeniaca mandshurica*** (Maxim.) Skvortsov 叶边具不整齐细长尖锐重锯齿，花单生或并生，花瓣粉红色或白色④。

shānzhā

山里红 山楂

Crataegus pinnatifida Bunge

科属：蔷薇科，山楂属。

生境：山坡林边或灌木丛中。

花期：5~6 月。

落叶小乔木或乔木。树皮粗糙，有刺。叶宽卵形或三角状卵形，通常两侧各有七羽状深裂，具柄；托叶肾形，质薄。伞房花序有多花，苞片膜质；萼筒钟状，萼片三角状卵形至三角状披针形；花瓣倒卵形或近圆形，白色；雄蕊约 20 枚，短于花瓣，花药粉红色；花柱 3~5 个，柱头头状。果近圆形或梨形，深红色，有褐色斑点。①②③

相近种 毛山楂 ***Crataegus maximowiczii*** C. K. Schneid. 复伞房花序，多花，花瓣 5 枚，近圆形，白色④。

shuìcài

睡菜

Menyanthes trifoliata L.

科属：睡菜科，睡菜属。

生境：在沼泽中成群落生长。

花期：5~7 月。

多年生沼生植物。根状茎匍匐状，粗大而长。三出复叶，基生，具长柄，基部加宽成叶鞘状，膜质；小叶片椭圆形至倒卵形，基部楔形，无柄，钝头，边缘微波状或近全缘。花葶自基部叶丛旁侧抽出；总状花序长约 10 厘米；花白色；具花梗；苞片卵形或卵状披针形；花萼绿色，5 深裂，裂片卵状披针形；花冠钟形，5 中裂，裂片披针形，渐尖；雄蕊 5 枚，着生在花冠喉部，花药紫色，箭头形；花柱长，柱头 2 裂。蒴果近圆形。①②③④

tùkuí

菟葵

Eranthis stellata Maxim.

科属：毛茛科，菟葵属。
生境：山地林中或林边草地阴处。
花期：3~4 月。

多年生草本。根状茎圆形。基生叶 1 枚或不存在，有长柄；叶片圆肾形，3 全裂。花葶高达 10~20 厘米。总苞叶状，深裂成披针形或线状披针形的小裂片。花梗果期伸长。花白色，萼片 5 枚，花瓣状，狭卵形或椭圆形；花瓣 8~12 枚，较萼片为小，近漏斗状，先端 2 裂，每裂片上附有花药残迹；雄蕊多数。心皮 3~7 枚或更多。蓇葖果星状，具短梗，具细喙。种子近圆形，暗紫色，表面微皱褶。①②③④

yuányèmáogāocài

圆叶茅膏菜 毛毡苔

Drosera rotundifolia L.

科属：茅膏菜科，茅膏菜属。

生境：山地湿草丛中。

花期：5~10月。

多年生草本。叶基生，密集；叶片圆形或扇状圆形，先端圆形，基部圆形或宽楔形；叶具长柄，扁平。螺状聚伞花序1~2条，腋生，花葶状，纤细，直立，具花3~8朵；苞片小，钻形；花萼钟形，下部合生，上部5裂，裂片卵形或狭卵形，边缘疏具小腺齿；花瓣5枚，匙形，白色；雄蕊5枚；子房椭圆状圆形，1室；侧膜胎座，胚珠多数；花柱3个。蒴果，长圆形。①②③④

yùlínghuā

玉铃花

Styrax obassis Siebold & Zucc.

科属：安息香科，安息香属。

生境：林中，较平坦或稍倾斜的土地。

花期：5~7 月。

乔木或灌木。叶纸质，互生，宽椭圆形或近圆形，先端尖或渐尖，基部近圆或宽楔形，具粗锯齿；基部膨大成鞘状包芽；生于小枝基部的 2 枚叶近对生，椭圆形或卵形，先端尖，基部圆；叶柄基部不膨大。总状花序顶生或腋生，有 10~20 朵花，基部常 2~3 分枝。花白色或粉红色，芳香；花萼杯状；花冠裂片膜质，椭圆形，覆瓦状排列；花丝扁平。①②③④

zhàoshānbái

照山白

Rhododendron micranthum Turcz.

科属：杜鹃花科，杜鹃属。

生境：山坡灌丛、山谷、峭壁及石岩上。

花期：5~6 月。

常绿灌木。枝条较细瘦；幼枝被鳞片及细柔毛。叶近革质，倒披针形、长圆状椭圆形或披针形；叶柄短。花序顶生，短总状，有 10~28 朵花。花梗被鳞片；花萼长 1~3 毫米，5 深裂，外面被鳞片；花冠钟状，乳白色，冠筒较裂片稍短；雄蕊 10 枚；花柱约与雄蕊等长，无鳞片，宿存。蒴果长圆形，具宿存花萼。①②③④

zǐbānfēnglíngcǎo

紫斑风铃草

Campanula punctata Lam.

科属：桔梗科，风铃草属。

生境：山地林中、灌丛及草地中。

花期：6~9 月。

多年生草本。具细长而横走的根状茎。茎直立，粗壮，通常在上部分枝。基生叶具长柄，心状卵形；茎生叶下部具带翅的长柄，上部的无柄，三角状卵形至披针形，边缘具不整齐钝齿。花顶生于主茎及分枝顶端，下垂；花萼裂片长三角形；花冠白色，带紫斑，前端 5 裂，筒状钟形；雄蕊 5 枚；子房下位，柱头 3 裂。①②③

相近种　**聚花风铃草** ***Campanula glomerata*** L. 花数朵集成头状花序，生于茎中上部叶腋间。花萼裂片钻形；花冠紫色、蓝紫色或蓝色④。

dōngyàxiānnǚmù

东亚仙女木

Dryas octopetala

var. ***asiatica*** (Nakai) Nakai

科属：蔷薇科，仙女木属。

生境：高山草原。

花期：7~8 月。

1

2

3

4

常绿亚灌木。茎丛生，匍匐。叶椭圆形至近圆形，先端钝圆，基部截形或近心形，边外卷，有圆钝锯齿；具叶柄，托叶膜质，线状披针形。花梗密被白色绒毛、分枝长柔毛及多数腺体。花径 1.5~2.5 厘米；花萼长 7~9 毫米，萼片卵状披针形；花瓣白色，倒卵形，长 0.8~1 厘米；雄蕊多数。瘦果长卵形，褐色，顶端宿存花柱，有羽状绢毛。①②③④

tiānnǚhuā

天女木兰，小花木兰 **天女花**

Oyama sieboldii

(K. Koch) N. H. Xia & C. Y. Wu

科属：木兰科，天女花属。

生境：山地。

花期：3~4 月。

近危种。落叶小乔木。叶倒卵形或倒卵状圆形，先端渐尖，基部圆形或圆状楔形，全缘，上面绿色，下面灰绿色；叶柄长 1~4 厘米。花单生枝顶，在新枝上与叶对生、后叶开放，芳香，花梗细长，果期稍延长；花蕾稍带淡粉红色；花被片 9 枚，外轮 3 枚，淡粉红色，其余的白色，倒卵形或倒卵状长圆形；雄蕊多数，紫红色；与花丝近等长，雄蕊群椭圆形。心皮披针形。聚合果卵形，红色。种子心形，外种皮红色，内种皮褐色。①②③④

zhuànzǐlián

转子莲 大花铁线莲

Clematis patens C. Morren & Decne.

科属：毛茛科，铁线莲属。

生境：山坡杂草丛中及灌丛中。

花期：5~6 月。

草质藤本。三出复叶或 5 小叶羽状复叶，小叶纸质，卵形或窄卵形，先端渐尖或尖，基部圆至浅心形，全缘；具叶柄。单花顶生。花梗较长；萼片 8 枚，白色，平展，倒卵形或窄倒卵形；花药条形，顶端钝或具小尖头。瘦果宽卵形，宿存花柱羽毛状。①②③

相近种　**辣蓼铁线莲** ***Clematis terniflora*** var. ***mandshurica*** (Rupr.) Ohwi 圆锥花序，萼片 4~5 枚，白色，长圆形至倒卵状长圆形；雄蕊多数，短于萼片④。

qībànlián

七瓣莲

Trientalis europaea L.

科属：报春花科，七瓣莲属。
生境：针叶林或混交林下。
花期：5~6 月。

多年生小草本。须根多数，细长。叶质薄，下部茎生叶 1~4 枚，较小，互生，顶生叶 5~8 片呈轮生状，叶较大，矩圆状披针形至狭倒卵形，先端尖或稍钝，基部楔形；近无柄。花 1~2 朵生于茎顶叶腋；具花梗；花萼钟状，分裂至基部，裂片 7 枚，条状披针形，先端渐尖，基部稍狭；花冠白色，7 裂至基部，裂片卵状倒披针形，先端渐尖；雄蕊着生于花冠基部，花药顶端内卷；子房圆形，花柱长，柱头不膨大。蒴果近圆形。①②③④

wǔwèizǐ

五味子

Schisandra chinensis (Turcz.) Baill.

科属：五味子科，五味子属。

生境：沟谷、溪旁、山坡。

花期：5~7 月。

落叶木质藤本。枝上密布圆形凸出皮孔。叶片广椭圆形、倒卵形或卵形，先端急尖或渐尖；具叶柄。花单性，雌雄同株或异株；雄花多生于枝条的基部或下部，雌花生于中上部，单生或 2~4 朵簇生于叶腋；花梗细；花被片 6~9 枚，乳白色；雄蕊 5 枚；心皮多数，离生，排在凸起的花托上，集成雌蕊群呈椭圆形，子房卵形或卵状椭圆形，柱头鸡冠状。聚合果 2~8 厘米，果梗长 2~6 厘米；浆果近圆形，红色，肉质。①②③④

zhāng'ěrxìxīn

獐耳细辛

Hepatica nobilis

var. ***asiatica*** (Nakai) H. Hara

科属：毛茛科，獐耳细辛属。

生境：山地杂木林内或草坡石下阴处。

花期：4~5 月。

多年生草本。根状茎斜上，多节，密生暗褐色须根。基生叶 3~6 枚；叶三角状宽卵形，基部深心形，3 裂至中部，中央裂片宽卵形，侧生裂片卵形，全缘，顶端稍钝，有时有短尖头；具长叶柄。花葶 1~6 枚，被柔毛；苞片椭圆状卵形，全缘。萼片 6~11 枚，粉红色或堇色，窄长圆形，顶端钝；雄蕊多数，黄色，花药椭圆形。瘦果卵圆形，宿存花柱短。①②③④

shuìlián

睡莲

Nymphaea tetragona Georgi

科属：睡莲科，睡莲属。
生境：池沼中。
花期：6~8 月。

多年生水生草本。根状茎短粗，横卧或直立，生多数须根及叶。叶浮于水面，纸质，心状卵形或肾状椭圆形似马蹄状，先端圆钝，基部深心状箭形。花梗基生，细长，顶生 1 朵花；漂浮水面；花萼 4 枚，革质，宽披针形或长卵形，绿色，先端钝，果期伸长，基部花托四棱形，宿存；花瓣 8~12 枚，白色，宽披针形至倒卵形，内轮不变成雄蕊；雄蕊多数，3~4 轮，花丝扁平，长比花瓣短，花药条形，内向；子房短圆锥状，柱头盘状。①②③④

duōbèiyínliánhuā

两头尖，老鼠屎 多被银莲花

Anemone raddeana Regel

科属：毛茛科，银莲花属。

生境：山地林中或草地阴处。

花期：4~5 月。

多年生草本。根状茎横走，圆柱形。基生叶 1 枚，具长柄；叶片三全裂，全裂片有细柄，三或二深裂，叶柄较基生叶短。花葶具苞片 3 枚，有短柄，叶片近扇形，三全裂，中全裂片倒卵形或倒卵状长圆形，顶端圆形，上部边缘有少数小锯齿，侧全裂片稍斜；具花梗；萼片 9~15 枚，白色，长圆形或线状长圆形，顶端圆或钝；花药椭圆形，顶端圆形，花丝丝形；心皮约 30 枚，花柱短。①②③④

nǚwǎn

女菀

Turczaninovia fastigiata (Fisch.) DC.

科属：菊科，女菀属。

生境：荒地、山坡、路旁。

花期：8~10 月。

多年生草本。茎直立，下半部光滑，上半都有细柔毛。叶互生，基部叶线状披针形或披针形，先端渐锐，基部窄狭，有短柄，边缘粗糙，疏生细锯齿，花后凋落；茎上叶无柄，线状披针形至线形，上面光滑，绿色，下面有细软毛，边缘粗糙。头状花序密集成伞房状；总苞筒状，苞片披针形，有细毛，数列；周围舌状花白色；中心管状花黄色，花药基部钝而全缘；柱头 2 裂，裂片长圆形，先端钝。瘦果长卵形，稍扁，全体有毛；冠毛灰白色或带红色。①②③④

cháoxiǎnpúgōngyīng

朝鲜蒲公英

Taraxacum coreanum Nakai

科属：菊科，蒲公英属。
生境：原野或路旁。
花期：4~6 月。

多年生草本。叶倒披针形或线状披针形，先端锐尖，基部渐狭成柄，羽状浅裂至深裂，顶端裂片三角状戟形至正三角形，先端尖，侧裂片狭三角形或线形，平展或倒向，全缘或常在裂片间夹有小裂片或齿。花葶数个；头状花序顶生；总苞宽钟状；舌状花白色。瘦果褐色；冠毛白色。①②③

相近种　**白花蒲公英** ***Taraxacum albiflos*** Kirschner & Stepanek 总苞广钟形，舌状花白色，具淡紫色条纹，先端齿裂，裂片 5 枚④。

shízìlán

十字兰

Habenaria schindleri Schltr.

科属：兰科，玉凤花属。

生境：山坡林下或沟谷草丛中。

花期：7~9 月。

易危种。地生草本。块茎肉质，长圆形或卵圆形。茎疏生多枚叶，向上渐小成苞片状。中下部叶 4~7 枚，线形，先端渐尖，基部成抱茎的鞘。总状花序多花，花白色或绿白色；花瓣直立，卵形，2 裂；唇瓣黄绿色，前伸，中部以下 3 深裂，呈“十”字形，裂片线形，侧裂片与中裂片垂直伸展，先端具流苏；距下垂，近末端粗棒状，向前弯曲，末端钝，与子房等长；柱头 2 个，隆起，长圆形，前伸，并行。①②③④

zǐdiǎnsháolán

紫点杓兰

Cypripedium guttatum Sw.

科属：兰科，杓兰属。
生境：林下、灌丛中或草地上。
花期：5~7 月。

濒危种。地生草本。根状茎细长，横走。顶端具叶。叶 2 枚，极稀 3 枚，常对生或近对生，生于植株中部或中部以上，椭圆形或卵状披针形，干后常黑或淡黑色。花序顶生 1 朵花。花白色，具淡紫红色或淡褐红色斑；中萼片卵状椭圆形，合萼片窄椭圆形，先端 2 浅裂；花瓣常近匙形或提琴形，先端近圆，唇瓣深囊状，钵形或深碗状，囊口宽；退化雄蕊卵状椭圆形，先端微凹或近平截，上面有纵脊，背面龙骨状突起。蒴果近窄椭圆形，下垂。①②③④

bàomǎdīngxiāng

暴马丁香 暴马子，荷花丁香

Syringa reticulata **subsp.**
amurensis (Rupr.) P. S. Green & M. C. Chang

科属：木犀科，丁香属。
生境：灌丛、草地或阔叶混交林中。
花期：6~7 月。

1

2

3

4

灌木或小乔木。单叶对生，卵形或广卵形，厚纸质至革质，先端突尖或短渐尖，基部通常圆形。圆锥花序大而稀疏，常侧生，顶芽缺；花白色；花萼 4 浅裂，裂片宽三角形；花冠 4 裂，裂片卵状长圆形；花冠筒较萼稍长；雄蕊 2 枚；子房卵圆形，花柱细长，柱头 2 裂。蒴果长圆形，先端钝。①②③

相近种 **辽东丁香** ***Syringa wolfii*** C. K. Schneid. 圆锥花序顶生，花紫青色，芳香；花萼杯状，5 裂；花冠漏斗形，4 裂④。

hóngguǒlèiyèshēngmá

红果类叶升麻

Actaea erythrocarpa Fisch.

科属：毛茛科，类叶升麻属。
生境：山地林下或路旁。
花期：5~6 月。

多年生草本。茎下部无毛，中上部有短柔毛。叶为三回三出或近羽状复叶，具长柄。叶片三角形；顶生小叶卵形至宽卵形，三裂，边缘有锐齿，侧生小叶斜卵形，不规则地 2~3 深裂，上面近无毛，叶下面沿脉被稀疏白色短柔毛或无毛。总状花序长约 6 厘米，轴及花梗密被短柔毛；萼片 4 枚，倒卵状；花瓣匙形；雄蕊多数；心皮 1 枚。浆果红色，种子约 8 粒，近黑色，干后表面粗糙。①②③④

lángwěihuā

狼尾花 虎尾草，重穗排草

Lysimachia barystachys Bunge

科属：报春花科，珍珠菜属。

生境：草甸、山坡或路旁灌丛间。

花期：5~8 月。

多年生草本。具横走根茎。叶互生或近对生，近无柄；叶长圆状披针形、倒披针形或线形，基部楔形。总状花序顶生，果时长达 30 厘米；花密集，常转向一侧。苞片线状钻形，稍长于花梗；花梗长 4~6 毫米；花萼裂片长圆形，先端圆；花冠白色，长 0.7~1 厘米，筒部长约 2 毫米，裂片舌状长圆形，常有暗紫色短腺条；雄蕊内藏，花丝长约 4.5 毫米，下部约 1.5 毫米，贴生花冠基部，花药椭圆形，背着，纵裂。蒴果。①②③④

línglán

铃兰

Convallaria majalis L.

科属：百合科，铃兰属。
生境：阴坡林下潮湿处或沟边。
花期：5~6 月。

多年生草本。叶通常 2 枚，极少 3 枚，叶片椭圆形或卵状披针形，先端急尖，基部近楔形，呈鞘状互相抱着，基部有数枚鞘状的膜质鳞片。花葶由鳞片腋生出。花葶高 15~30 厘米；总状花序偏侧生，具花 6~10 朵；苞片披针形，膜质；花梗长 1~1.5 厘米；花白色，短钟状，芳香，下垂；花被顶端 6 浅裂，裂片卵状三角形；雄蕊 6 枚，花丝短，花药黄色；雌蕊 1 枚，子房卵圆形，柱头小。浆果圆形，熟时红色。①②③④

qījīngū

七筋姑

Clintonia udensis Trautv. & C. A. Mey.

科属：百合科，七筋姑属。

生境：高山疏林下或阴坡疏林下。

花期：5~6 月。

多年生草本。根状茎短。叶基生，3~5 枚，椭圆形、倒卵状长圆形或倒披针形，顶端短突尖，基部楔形下延成鞘状抱茎或成柄状。花葶直立，果期伸长，顶生疏总状花序，有花 3~12 朵，少为单花；苞片披针形，早落；花被片 6 枚，白色，稀淡蓝色，离生，长圆形至披针形，先端钝圆，具 5~7 条脉；雄蕊 6 枚；子房卵状长圆形。果实初为浆果状，圆形至长圆形，后自顶端作蒴果状开裂，蓝色或蓝黑色，每室有种子 2~6 枚。种子卵形，褐色。①②③④

shuǐyù

水浮莲，水葫芦 **水芋**

Calla palustris L.

科属：天南星科，水芋属。

生境：常于草甸、沼泽等浅水域成片生长。

花期：6~7 月。

多年生水生草本。具横走根状茎，锈黄色，其上生有多数纤细须根。叶片心形或宽卵形，基部心形，先端锐尖，全缘，无毛，中脉明显，侧脉纤细；叶柄长 18~30 厘米，基部具鞘，佛焰苞宽卵形，外面绿色，里面白色，先端呈短尾状尖；下部具长柄；肉穗花序短圆柱形，具梗；花两性，唯顶端有不育雄花，无花被，雄蕊 6 枚，花丝扁，先端变狭为药隔，子房卵圆形。浆果橙红色，近圆形，果序直径达 2 厘米；种子长圆状卵形。①②③④

tàibáihuādìyú

太白花地榆

Sanguisorba stipulata Raf.

科属：蔷薇科，地榆属。

生境：山地、山谷、湿地、疏林下及林缘。

花期：7~9 月。

多年生草本。叶为羽状复叶，有小叶 4~6 对，叶柄有棱，小叶有柄，椭圆形或卵状椭圆形，基部心形至深心形，顶端圆形，边缘具齿；茎生叶 2~4 枚，与基生叶相似，唯向上小叶对数逐渐减少；基生叶托叶膜质，黄褐色，茎生叶托叶草质，绿色，卵形，边缘有缺刻状锯齿。穗状花序直立，从基部向上逐渐开放，花白色；苞片狭带形，与萼片近等长；萼片 4 枚，椭圆形；雄蕊 4 枚，花丝从中部开始扩大。①②③④

yínxiàncǎo

灯笼花，四叶细辛 **银线草**

Chloranthus japonicus Siebold

科属：金粟兰科，金粟兰属。

生境：林下阴湿处或沟边草丛中。

花期：4~5 月。

多年生草本。根状茎横走，生多数细长须根，具特异气味；茎直立，单生或数枚丛生，节明显，带紫色，上生鳞片状小叶数对。叶 4 片，生茎顶，或轮生状，倒卵形或椭圆形，先端长尖，基部楔形，边缘具疏锯齿。花序单一，顶生，直立，果时伸长。花白色。无花梗；雄蕊 3 枚，花丝条形，基部合生，条形，近等长，乳白色，水平开展；中央雄蕊无花药。果实倒卵形，绿色。①②③④

zhēnzhūméi

珍珠梅 八本条，高楷子

Sorbaria sorbifolia (L.) A. Braun

科属：蔷薇科，珍珠梅属。

生境：山坡疏林中。

花期：7~8 月。

灌木。枝条开展，小枝稍屈曲。羽状复叶，小叶 11~17 枚，叶轴微被短柔毛，小叶对生，披针形或卵状披针形，先端渐尖，稀尾尖，基部近圆形或宽楔形，稀偏斜，有尖锐重锯齿，侧脉 12~16 对，小叶无柄或近无柄。圆锥花序顶生；花梗长 5~8 毫米；花径 10~12 毫米；萼片三角状卵形；花瓣白色；雄蕊 40~50 枚，较花瓣长 1.5~2 倍，着生在花盘边缘；雌蕊 5 枚，有顶生弯曲花柱。蓇葖果长圆形，果序冬季不脱落，宿存的萼片反折，稀开展。①②③④

zhūyáquánshēn

珠芽蓼，山谷子 **珠芽拳参**

Polygonum viviparum L.

科属：蓼科，蓼属。

生境：山坡林下、高山或亚高山草甸。

花期：5~7月。

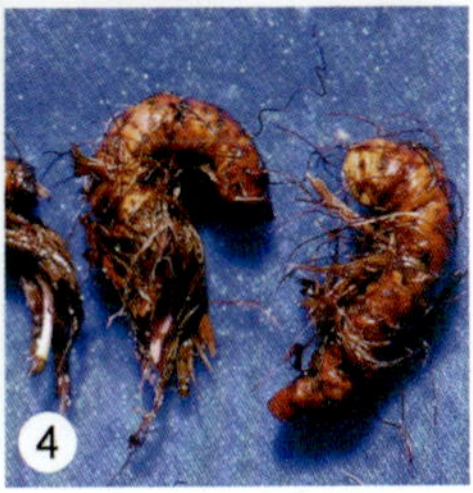

多年生草本。根状茎粗壮，弯曲，黑褐色。茎直立，不分枝。基生叶长圆形或卵状披针形，顶端尖或渐尖，基部圆形至楔形，外卷，具长叶柄；茎生叶较小，披针形，近无柄；托叶鞘筒状，膜质，下部绿色，上部褐色，偏斜，开裂。总状花序呈穗状，顶生，紧密，下部生珠芽；苞片卵形，膜质，每苞内具1~2朵花；花梗细弱；花被5深裂，白色或淡红色。花被片椭圆形；雄蕊8枚，花丝不等长；花柱3个，下部合生。瘦果卵形，深褐色，包于宿存花被内。①②③④

dōngběixiùxiànméi

东北绣线梅

Neillia uekii Nakai

科属：蔷薇科，绣线梅属。

生境：山地。

花期：6~7 月。

近危种。落叶灌木。茎直立，多分枝，皮灰褐色，无毛，稍有光泽，剥裂，小枝黄褐色，疏生星状短柔毛；单叶互生，有短柄，密生星状毛；叶片卵圆形或狭卵形，先端尾尖或渐尖，基部浅心形或近圆形，边缘有粗重锯齿，两面沿叶脉疏生伏毛；托叶狭卵形或披针形。总状花序顶生；花白色，花瓣较萼片略长；萼片绿色，密生星状毛。果卵圆形，深褐色，外面有星状毛和先端乳头状刺，内有种子 1~2 粒；种子卵圆形或卵形，深褐色。①②③④

qìyècǎo

丹顶草，腊八菜 **槭叶草**

Mukdenia rossii (Oliv.) Koidz.

科属：虎耳草科，槭叶草属。

生境：山谷石隙。

花期：5~7 月。

多年生草本。地下茎粗大，有褐色鳞片。基生叶，1~4 枚，无毛，卵圆形，掌状 4~10 深裂，裂片狭披针形，先端渐尖或急尖，基部心形或宽楔形，边缘有不规则的锯齿，有长柄，柄长 5~18 厘米，密生短腺毛。花葶疏生短腺毛；圆锥伞形花序，密生短柔毛；花萼白色，钟形，有 5~6 深裂，裂片狭卵形，先端钝；花瓣 5~6 枚，披针形，白色，较萼片短；雄蕊 5~6 枚。子房半下位。蒴果狭卵形。种子多数。①②③④

shěnggūyóu

省沽油 水条

Staphylea bumalda DC.

科属：省沽油科，省沽油属。
生境：路旁、山地或丛林中。
花期：4~5 月。

落叶灌木。树皮紫红色或灰褐色，有纵棱；枝条开展，绿白色复叶对生，有长柄，具三小叶；小叶椭圆形、卵圆形或卵状披针形，先端锐尖，具尖尾，基部楔形或圆形，边缘有细锯齿，齿尖具尖头；中间小叶柄约 5 倍于两侧小叶。圆锥花序顶生，直立，花白色；萼片长椭圆形，浅黄白色，花瓣 5 枚，白色，倒卵状长圆形，较萼片稍大，雄蕊 5 枚，与花瓣略等长。蒴果膀胱状，扁平，先端 2 裂；种子黄色，有光泽。①②③④

báichēzhóucǎo

白三叶，荷兰翘摇 **白车轴草**

Trifolium repens L.

科属：豆科，车轴草属。

生境：栽培或逸生于湿润草地、河岸。

花期：5~10月。

多年生匍匐状草本。茎蔓生。掌状三出复叶，具长叶柄；小叶片倒卵形至近圆形，先端圆，微凹，基部楔形，边缘有细锯齿。圆形花序顶生，有花20~80朵，密集；花萼钟状，萼齿披针形，稍不等长，短于萼筒，萼喉开张；花冠白色、乳黄色或淡红色，具香气，旗瓣椭圆形，比翼瓣和龙骨瓣长1倍，龙骨瓣稍短于翼瓣。①②③

相近种　**红车轴草** ***Trifolium pratense*** L. 花冠紫红色至淡紫红色，旗瓣匙形④。

cháoxiǎnjiámí

朝鲜荚蒾

Viburnum koreanum Nakai

科属：五福花科，荚蒾属。

生境：针叶林中或林缘。

花期：6~7 月。

落叶灌木。叶纸质，近圆形或宽卵形，浅 2~3 裂，枝条顶端的叶有时不裂，基部圆形、截形或浅心形，裂片顶端锐尖，边缘有不规则牙齿；具叶柄，基部有 2 钻形托叶。复伞形式聚伞花序生于具 1 对叶的短枝之顶，有 5~30 朵花，总花梗纤细，第一级辐射枝 5~7 条，花直接生其上，花梗甚短；萼齿三角形；花冠乳白色，辐状；雄蕊极短，花药黄白色。果实黄红色或暗红色，近椭圆形；核卵状矩圆形，有 1 条宽腹沟和 2 条浅背沟。①②③④

dùxiāng

绊脚丝，狭叶杜香 **杜香**

Ledum palustre L.

科属：杜鹃花科，杜香属。

生境：林下、沼泽、草甸沼泽。

花期：6~7月。

小灌木。直立或茎下部俯卧；幼枝黄褐色，密生锈褐色或白色毛；芽卵形，鳞片密被毛。叶质稍厚，密而互生，有强烈香味，狭条形，壮枝叶披针状条形，先端钝头，基部狭成短柄，上面深绿色，有皱纹。伞房花序，生于前一年生枝的顶端，花梗细；花多数，白色；萼片5枚，圆形，尖头，宿存；花冠5深裂，裂片长卵形；雄蕊10枚；花柱宿存。蒴果卵形。①②③④

guāngèsōushū

光萼溲疏 光叶溲疏，崂山溲疏

Deutzia glabrata Kom.

科属：虎耳草科，溲疏属。

生境：山地石隙间或山坡林下。

花期：6~7 月。

灌木。叶对生，叶卵状长圆形至长圆状椭圆形，基部楔形或近圆形，先端渐尖，边缘有尖细锯齿；叶柄短。伞房花序，多花；萼筒钟形，裂片 5 枚，小三角形；花瓣 5 枚，白色，卵状椭圆形或近圆形；雄蕊 10 枚，长短不等；子房下位，花柱通常 3~4 枚。蒴果近圆形，花柱宿存。①②

相近种　**小花溲疏** ***Deutzia parviflora*** Bunge 伞房花序，多花，植物体各部分多少被毛③。**东北溲疏** ***Deutzia parviflora*** var. ***amurensis*** Regel 叶脉上的星状毛无中央长辐线④。

hóngruìmù

红瑞山茱萸，凉子木 **红瑞木**

Cornus alba L.

科属：山茱萸科，山茱萸属。
生境：杂木林或针阔叶混交林中。
花期：6~7 月。

落叶灌木。树皮暗红色，枝血红色，髓心大，白色；芽卵状披针形，先端尖。叶对生，卵形或椭圆形，基部通常为圆形、广楔形或两边不等，先端渐尖、锐尖或突尖，全缘，叶柄短。花小，黄白色，圆锥状聚伞花序顶生；萼筒卵状圆形，萼坛状，齿三角形；花瓣 4 枚，白色，卵状舌形；雄蕊 4 枚，花丝细，花药长圆形，花盘垫状；子房近于倒卵形，柱头头状。核果斜卵圆形，成熟时白色或稍带蓝紫色，花柱宿存。①②③④

huālìn

花蔺

Butomus umbellatus L.

科属：花蔺科，花蔺属。

生境：浅水中或沼泽里。

花期：7~9 月。

多年生水生草本。有粗壮的横生根状茎。叶基生，上部伸出水面，三棱状条形，先端渐尖，基部成鞘状。花葶圆柱形，与叶近等长，伞形花序顶生，基部有苞片 3 枚，卵形。花两性，外轮花被片 3 枚，椭圆状披针形，绿色，稍带紫色，宿存；内轮花被片 3 枚，椭圆形，初开时白色，后变成淡红色或粉红色；雄蕊 9 枚，花丝基部稍宽，花药带红色；心皮 6 枚，粉红色，排成 1 轮，基部常连合，柱头纵折状，子房内有多数胚珠。蓇葖果成熟时从腹缝开裂。①②③④

huāqiūshù

花楸树

红果臭山槐，马加木

Sorbus pohuashanensis (Hance) Hedl.

科属：蔷薇科，花楸属。
生境：山坡或山谷杂木林内。
花期：6~7 月。

小乔木。奇数羽状复叶，小叶 5~7 对，基部和顶部的小叶常稍小，卵状披针形或椭圆状披针形，先端锐尖或短渐尖，基部偏斜圆形，叶缘有细锐锯齿，基部或中部以下近全缘。复伞房花序具多数密集花朵；花梗短；萼片三角形；花瓣宽卵形或近圆形，白色；雄蕊约 20 枚；花柱 3 个，较雄蕊短。果近圆形，红色或橘红色，具宿存闭合萼片。①②③

相近种　**水榆花楸** ***Sorbus alnifolia*** (Siebold & Zucc.) K. Koch 复伞房花序较疏松，具花 6~25 朵，花较大，白色④。

rénshēn

人参 棒槌

Panax ginseng C. A. Mey.

科属：五加科，人参属。

生境：低海拔林下。

花期：6~7 月。

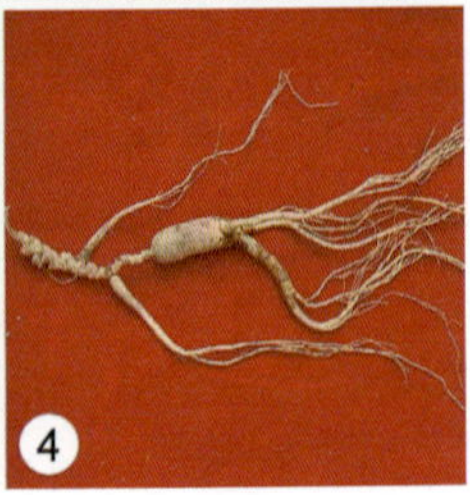

极危种。多年生草本。主根肉质，圆柱形或纺锤形，淡黄色，野生者根状茎长，栽培者根状茎短。茎直立，单生，有纵纹，生长年限不同；叶为掌状复叶，小叶 3~5 片；叶片卵圆形或倒卵圆形，先端渐尖，边缘有重锯齿；叶柄长。伞形花序顶生，单一，有花 10~50 朵不等；花序梗比叶长，小花梗细；萼钟形，淡绿色，5 裂，裂齿三角形；花瓣 5 枚，卵状三角形，白色；雄蕊 5 枚；子房下位，2 室，花柱 2 歧。浆果状核果，鲜红色，扁肾形。种子肾形，乳白色。①②③④

sǎnxíngxǐdōngcǎo

伞形梅笠草 # 伞形喜冬草

Chimaphila umbellata

(L.) W. P. C. Barton

科属：杜鹃花科，喜冬草属。

生境：较干燥的阔叶林下。

花期：6~7 月。

灌木。植株多分枝；树皮带黑灰色，剥落后呈灰褐色；小枝褐色；芽卵圆形。叶革质，互生，多生于枝上部，长圆形或倒披针状椭圆形至倒披针形，先端钝或钝尖，基部狭楔形；叶柄短。总状花序，生于前一年生枝的枝端，多花；花梗细；花萼 5 裂，裂片三角形；花冠白色，5 深裂，裂片长圆形；雄蕊 10 枚，与花瓣等长或较长；子房卵形，5 室，花柱较花瓣短。蒴果长圆形，褐色，由先端开裂，花柱与果等长，宿存。①②③④

chángbáifēngdǒucài

长白蜂斗菜 长白蜂斗叶

Petasites rubellus (J. F. Gmel.) Toman

科属：菊科，蜂斗菜属。

生境：林下或林缘。

花期：5~7 月。

多年生草本。根状茎横走，褐色。早春从根状茎抽出花茎 2~3 条，被蛛丝状毛。基生叶有长柄，密生褐毛；叶片心形或肾形，基部心形，边缘有波状牙齿，两面具褐色毛，上表面暗绿色，下表面色浅；茎生叶宽披针形。花先叶开放，生白色毛；头状花序生茎顶端排列呈伞房状；总苞片 1 层，长圆状披针形，先端钝，无毛或近无毛，雌花花冠细管状，白色具小舌片，结实，两性花或雄花花冠管状，先端 5 裂，不结实；花序托无托片。瘦果圆柱形，褐色，具 5 条纵肋。①②③④

dēngtáishù

六角树，瑞木 **灯台树**

Cornus controversa Hemsl.

科属：山茱萸科，山茱萸属。

生境：常绿阔叶林或针阔叶混交林中。

花期：3~6月。

落叶乔木。树皮光滑，当年生枝紫红绿色。叶互生，纸质，阔卵形至披针状椭圆形，先端突尖，基部圆形或急尖，全缘，中脉至叶柄紫红色。顶生伞房状聚伞花序，花小，白色，4数，花萼裂片三角形，长于花盘，花瓣长圆披针形，先端钝尖；雄蕊与花瓣同数互生，花丝白色。核果圆形，成熟时紫红色至蓝黑色。①②③④

jiēgǔmù

接骨木 九节风，续骨草

Sambucus williamsii Hance

科属：五福花科，接骨木属。

生境：山坡、灌丛、沟边等地。

花期：4~5 月。

灌木或小乔木。叶为奇数羽状复叶，对生；小叶 5~11 枚，椭圆形或倒卵状长圆形，侧小叶稀为长圆状卵形，常中、上部最宽，先端渐尖，揉碎后有臭味，小叶柄短，中间的侧小叶有时近无柄。聚伞状圆锥花序顶生，花序呈伞形，果序呈宽圆锥形或三角形，多左右侧扁，花小，白色至黄白色；萼筒杯状，萼裂片三角状披针形；花冠辐状，裂片 5 枚，长椭圆形，常外翻；雄蕊 5 枚。核果近圆形，成熟后紫黑色，稀暗红色。①②③④

jīshùtiáo

天目琼花 鸡树条

Viburnum opulus* subsp. *calvescens (Rehder) Sugim.

科属：五福花科，荚蒾属。

生境：溪谷边疏林下或灌丛中。

花期：5~6 月。

灌木。叶片纸质，卵圆形至宽卵形或倒卵形，通常 3 裂。花序复伞形，周围有大型的不孕花；总花梗长，第一级辐射枝 7 出；花冠乳白色，辐状；雄蕊长至少为花冠的 1.5 倍，花药带紫红色。果实近圆形，红色。①②③

相近种　修枝荚蒾 ***Viburnum burejaeticum*** Regel & Herd. 聚伞花序，总花梗长达 2 厘米或几无，第一级辐射枝 5 条，花大部生于第二级辐射枝上，萼筒矩圆筒形，萼齿三角形；花冠白色，辐状，裂片宽卵形；花药宽椭圆形④。

tángsōngcǎo

唐松草 草黄连，马尾连

Thalictrum aquilegiifolium var. ***sibiricum*** L.

科属：毛茛科，唐松草属。

生境：草原、山地林边草坡或林中。

花期：7月。

①

②

③

④

多年生草本。基生叶有长柄，花期枯萎。茎生叶互生，三至四回三出复叶，草质，顶生小叶近圆形或倒卵形，上部常3浅裂，裂片全缘或具圆齿，基部圆楔形或心形。圆锥状复聚伞花序，有多数密集的花，具花梗。萼片4枚，椭圆形，白色，早落；雄蕊多数，花丝白色，上部宽，下部丝形；心皮5~10枚，柱头侧生。①②③

相近种 **瓣蕊唐松草** ***Thalictrum petaloideum*** L. 花序伞房状，白色萼片早落，雄蕊多数，白色，花瓣状，下部丝状，子房无柄④。

dàyèzi

大脖梗子，山荷叶 **大叶子**

Astilboides tabularis (Hemsl.) Engl.

科属：虎耳草科，大叶子属。

生境：山坡杂木林下或山谷沟边。

花期：6~7 月。

多年生草本。基生叶 1 枚，盾状着生，近圆形或卵形，掌状浅裂，裂片宽卵形，先端急尖或短渐尖，常浅裂，具齿状缺刻和不规则重锯齿；叶柄具刺状硬腺毛；茎生叶较小，掌状 3~5 浅裂，基部楔形或截形。圆锥花序顶生，具多花。花小，白色或微带紫色；萼片 4~5 枚，卵形或倒卵状长圆形；花瓣 4~5 枚，倒卵状长圆形；雄蕊 6~8 枚，心皮 2~4 枚，下部合生；子房半下位，2~4 室，胚珠多数，花柱 2~4 个。蒴果。①②③④

huángjīnyuānwěi

黄金鸢尾 黄花鸢尾，黄鸢尾

Iris flavissima Pall.

科属：鸢尾科，鸢尾属。

生境：干燥草地、干山坡及沙丘上。

花期：4~5 月。

多年生草本。叶条形，顶端渐尖。苞片膜质，2~3 枚，狭披针形，顶端渐尖，其中包含有花 1~2 朵；花黄色；花被管喇叭形，外花被裂片椭圆形或倒卵形，有棕褐色的条纹，中脉上生有须毛状的附属物，爪部楔形，内花被裂片倒披针形，直立；花柱分枝鲜黄色，顶端裂片狭长三角形。①②

相近种 **长白鸢尾** ***Iris mandshurica*** Maxim. 叶镰刀状弯曲或中部以上略弯曲③。**小黄花鸢尾** ***Iris minutoaurea*** Makino 外花被裂片的中脉上无附属物④。

cháoxiǎntiěxiànlián

朝鲜铁线莲

Clematis koreana Kom.

科属：毛茛科，铁线莲属。

生境：红松林及针阔混交林内和灌丛中。

花期：5~6 月。

木质藤本或亚灌木。三出复叶；小叶片广卵圆形至近圆形，中央小叶片常 3 裂，基部心形，两侧的叶片常偏斜，边缘有粗齿。花单生于叶腋或枝顶，花梗粗壮；花萼钟状，微开展，下垂；萼片 4 枚，淡黄色至带红色；退化雄蕊线形，中部加宽成匙状。瘦果倒卵形，棕红色。①②

相近种　**长瓣铁线莲** ***Clematis macropetala*** Ledeb. 花紫色，退化雄蕊花瓣状或条形，二回三出复叶，小叶片卵状披针形③。**西伯利亚铁线莲** ***Clematis sibirica*** Mill. 三出复叶，小叶片广卵圆形，花黄色④。

héqīnghuā

荷青花 鸡蛋黄花，乌筋七

Hylomecon japonica (Thunb.) Prantl

科属：罂粟科，荷青花属。
生境：林下、林缘或沟边。
花期：4~7 月。

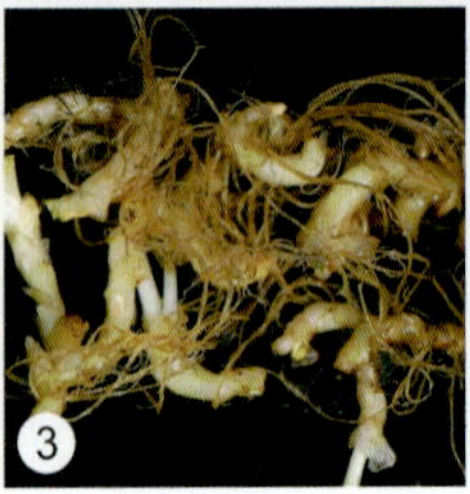

多年生草本。含黄色乳汁。茎直立，上部稍分枝。基生叶为奇数羽状复叶，具长柄，小叶 5~7 枚，有短柄，叶宽披针形至长椭圆形，边缘具规则重锯齿；茎生叶 2~3 枚，与基生叶相似。花 1~3 朵，生于茎顶端叶腋，具长梗，花蕾卵形；萼片 2 枚，绿色，狭卵形，早落；花大，花瓣 4 枚，金黄色，倒卵状圆形；雄蕊多数，黄色，花药长圆形。①②③④

huāmáo

西伯利亚花锚 花锚

Halenia corniculata (L.) Cornaz

科属：龙胆科，花锚属。
生境：山坡草地、林下及林缘。
花期：7~9 月。

一年生草本。直立。基生叶倒卵形或椭圆形，先端圆或钝尖，基部楔形、渐狭呈宽扁的叶柄，通常早枯萎；茎生叶椭圆状披针形或卵形，先端渐尖，基部宽楔形或近圆形，全缘，无柄或具极短而宽扁的叶柄。聚伞花序顶生和腋生；花 4 数，直径约 1 厘米；花萼裂片狭三角状披针形，先端渐尖；花冠黄色、钟形，冠筒裂片卵形或椭圆形，先端具小尖头，具短距；雄蕊内藏，花药近圆形；子房纺锤形，无花柱，柱头 2 裂，外卷。蒴果卵圆形、淡褐色，顶端 2 瓣开裂。①②③④

hújìshēng

槲寄生 北寄生，冬青，寄生子

Viscum coloratum (Kom.) Nakai

科属：槲寄生科，槲寄生属。

生境：阔叶林中。

花期：4~5 月。

常绿寄生小灌木。枝圆柱形，略带肉质，粗壮坚韧，成 2~3 回叉状分枝，分枝整齐，浓绿色或绿色，分枝点膨大成节。叶对生；无柄；叶片长圆形或倒披针形，革质，有光泽，基部楔形，先端圆头，全缘。花单性，雌雄异株，着生于枝端两叶之间，淡黄色，无梗；雄花 3~5 朵，苞呈杯形，花被厚而 4 裂，雄蕊 4 枚，无花丝；雌花 1~3 朵，生于粗短的花序梗上，花被钟形，与子房合生，4 裂；子房下位。浆果圆球形，淡黄色，熟时橙黄色。①②③④

yěyīngsù

野罂粟

Papaver nudicaule L.

科属：罂粟科，罂粟属。
生境：林下、林缘或山坡草地。
花期：5~9 月。

多年生草本。茎极短。叶基生，卵形或窄卵形，羽状浅裂至全裂，裂片 2~4 对，小裂片窄卵形至长圆形；叶柄基部鞘状。花葶 1 至数枝，花单生花葶顶端。花瓣 4 枚，宽楔形或倒卵形，具齿及短爪，淡黄色、黄色或橙黄色，稀红色；柱头 4~8 个，辐射状。①②

相近种 **长白山罂粟** ***Papaver radicatum*** var. ***pseudoradicatum*** (Kitag.) Kitag. 植株矮小，花葶纤细，花绿黄色③。**黑水罂粟** ***Papaver nudicaule*** f. ***amurense*** (N. Busch) H. Chuang 花单朵顶生，白色④。

chángbáijīnliánhuā

长白金莲花

Trollius japonicus Miq.

科属：毛茛科，金莲花属。

生境：潮湿草坡。

花期：7~8 月。

易危种。多年生草本。茎疏生 2~3 枚叶。基生叶 3~5 枚，有长柄，有时在开花时枯萎；叶片五角形，基部心形，三全裂，中央全裂片菱形，三裂近中部；叶柄基部具狭鞘。茎下部叶与茎生叶相似，上部叶较小，具鞘状短柄。花单生或 2~3 朵组成疏松的聚伞花序；苞片似茎上部叶，渐变小，具长花梗；萼片 5 枚，黄色，干时不变绿色，倒卵形或圆倒卵形，顶端圆形，生少数小齿；花瓣约 9 枚，与雄蕊近等长，线形，顶端钝。①②③④

chìbó

赤爮

Thladiantha dubia Bunge

科属：葫芦科，赤爮属。
生境：山坡、河谷及林缘湿处。
花期：6~8 月。

攀缘草质藤本，全株被黄白色长柔毛状硬毛。茎稍粗；叶宽卵状心形，最基部 1 对叶脉沿叶基弯缺边缘外展；卷须单一。雄花单生或聚生短枝上端成假总状花序，有时 2~3 朵花生于花序梗上；花萼裂片披针形，外折；花冠黄色，裂片长圆形，上部外折。雌花单生；花梗较雄花短；子房密被淡黄色长柔毛。果具 10 条纵纹。种子卵形，黑色。①②③④

dōngběibiǎnhémù

东北扁核木 扁胡子

Prinsepia sinensis (Oliv.) Oliv. ex Bean

科属：蔷薇科，扁核木属。

生境：杂木林中或阴山坡的林间等处。

花期：3~4 月。

近危种。小灌木。多分枝；小枝红褐色，有棱条；枝刺直立或弯曲。叶互生，叶片卵状披针形，先端急尖至尾尖，基部近圆形或宽楔形；叶柄短；托叶小，膜质，披针形。花 1~4 朵，簇生于叶腋；萼筒钟状，萼片短三角状卵形；花瓣黄色，倒卵形，先端圆钝，基部有短爪，着生在萼筒口部里面花盘边缘；雄蕊 10 枚，花丝短，呈 2 轮着生在花盘上近边缘处；心皮 1 枚，花柱侧生。核果近圆形或长卵形，红紫色或紫褐色。①②③④

fèicài

费菜

金不换，景天三七

Phedimus aizoon (L.) 't Hart

科属：景天科，费菜属。
生境：灌丛、溪谷边缘或岩石裂缝等处。
花期：6~7月。

多年生草本。根状茎粗，茎丛生，直立，不分枝。叶互生，近革质，狭披针形至卵状倒披针形，先端渐尖，基部楔形，边缘具齿。聚伞花序分枝平展，具多花，下托以苞叶；萼片5枚，条形，肉质，不等长，先端钝；花瓣5枚，黄色，长圆形至椭圆状披针形，有短尖；雄蕊10枚，较花瓣短；心皮5枚，基部合生。蓇葖果星芒状排列，有直的喙。①②③

相近种　**狭叶费菜** ***Phedimus aizoon*** var. ***yamatutae*** (Kitag.) H. Ohba, K. T. Fu & B. M. Barthol. 叶狭长圆状楔形或几为线形④。

hézhǎngxiāo

合掌消

Cynanchum amplexicaule
(Siebold & Zucc.) Hemsl.

科属：萝藦科，鹅绒藤属。
生境：山坡草地或湿地及沙滩草丛中。
花期：5~9 月。

直立多年生草本。高 50~100 厘米，全株流白色乳液，除花萼、花冠被有微毛外，余皆无毛；根须状。叶薄纸质，无柄，倒卵状椭圆形，先端急尖，基部下延近抱茎，上部叶小，下部叶大，小者长 1.5~2.5 厘米、宽 7~10 毫米，大者长 4~6 厘米、宽 2~4 厘米。多歧聚伞花序顶生及腋生，花直径 5 毫米；花冠黄绿色或棕黄色；副花冠 5 裂，扁平；花粉块每室 1 个，下垂。蓇葖单生，刺刀形，长 5 厘米，径 5 毫米。①②③④

hóngběijíguǒ

当年枯，天栌 # 红北极果

Arctous ruber

(Rehder & E. H. Wilson) Nakai

科属：杜鹃花科，北极果属。

生境：高山山坡上。

花期：6月。

落叶矮小灌木。茎匍匐于地面；枝暗褐色，茎皮成薄片剥离，具残留的叶柄。叶簇生枝顶，纸质，倒披针形或倒狭卵形，先端钝或突尖，向基部渐变狭，下延于叶柄，边缘具粗钝锯齿。花少数，常 1~3 朵成总状花序，出自叶丛中；苞片披针形；花萼小，5 裂，花冠卵状坛形，淡黄绿色。口部 5 浅裂；雄蕊 10 枚，花药背面具 2 个小凸起；子房无毛，花柱无毛。浆果圆形，有光泽，成熟时鲜红色、多汁。①②③④

huánghǎitáng

黄海棠 八宝茶，红旱莲

Hypericum ascyron L.

科属：藤黄科，金丝桃属。

生境：林地、灌丛、草丛或草甸等处。

花期：7~8 月。

多年生草本。茎直立，具 4 条棱线。单叶，对生，近革质，长圆状卵形至长圆状披针形，顶端渐尖或钝；基部楔形或心形，抱茎，全缘。单花或花形成聚伞花序，顶生或腋生；花黄色，大型，具花梗；萼片 5 枚，卵形，先端钝圆；花瓣 5 枚，黄色，各瓣偏斜而旋转；雄蕊多数 5 束；子房卵状，棕褐色，花柱 5 个，通常自中部或中部以下处分离。蒴果圆锥形，棕褐色，成熟时先端 5 裂。圆柱形，棕色。①②③④

jīnlùméi

金老梅，药王茶 **金露梅**

Potentilla fruticosa L.

科属：蔷薇科，委陵菜属。

生境：山坡草地、砾石坡、灌丛及林缘。

花期：6~9月。

小灌木。多分枝。奇数羽状复叶，小叶通常5枚，长圆形，先端锐尖，基部楔形，边全缘，叶柄短；托叶膜质，下部与叶柄愈合。花单生于叶腋或顶生数朵成伞房花序；花黄色；副萼披针形至条形，先端尖或偶尔2裂，比萼片短或近等长，萼片三角状卵圆形或卵形，淡褐黄色；花瓣圆形，比萼片约长3倍。瘦果卵圆形，棕褐色。①②③

相近种　**银露梅** ***Potentilla glabra*** Lodd. 花瓣白色，倒卵形④。

línshícǎo

林石草

Waldsteinia ternata (Stephan) Fritsch

科属：蔷薇科，林石草属。

生境：潮湿林地。

花期：5~6 月。

多年生草本。根状茎匍匐。基生叶为掌状 3 小叶，小叶倒卵形或宽椭圆形，先端圆钝，基部楔形或宽楔形，上部 3~5 浅裂，有圆钝锯齿，上面绿色，下面带紫色，叶柄短；托叶扩大，膜质，褐色。花单生或 2~3 朵。基部有膜质小苞片，小苞片卵状披针形，全缘；萼片 5 枚，三角状长卵形，先端渐尖或有 2~3 枚锯齿，副萼片 5 枚，披针形，短于萼片；花瓣 5 枚，黄色，倒卵形，长约萼片的 1 倍。瘦果长圆形或歪倒卵圆形，熟时黑褐色。①②③④

lǘtícǎo

马蹄草，马蹄叶 **驴蹄草**

Caltha palustris L.

科属：毛茛科，驴蹄草属。

生境：山地较阴湿处。

花期：5~9 月。

多年生草本。叶片近圆形、圆肾形或心形，基部深心形，密生三角形小牙齿；单歧聚伞花序生于茎或分枝顶部，常 2 朵花，萼片 5 枚，黄色，倒卵形或窄倒卵形。蓇葖果狭倒卵形，有喙。①②③

相近种 **膜叶驴蹄草** ***Caltha palustris*** var. ***membranacea*** Turcz. 花生茎端及分枝顶端；萼片 5 枚，黄色，倒卵形椭圆形；心皮 4~12 枚，花柱短，有横脉，具极短的喙④。

méiyèwěilíngcài

莓叶委陵菜 毛猴子，雉子筵

Potentilla fragarioides L.

科属：蔷薇科，委陵菜属。

生境：地边、沟边、草地、灌丛及疏林下。

花期：4~6 月。

多年生草本。奇数羽状复叶，基生叶与茎近等长，具长柄，小叶 5~9 枚，顶生 3 枚小叶大，无柄，倒卵状菱形至长圆形，基部楔形或歪楔形，边缘有锯齿。聚伞花序；花梗细弱；萼开展，5 裂，副萼片 5 枚，披针形；花瓣黄色，倒卵形，先端微缺至截形；雄蕊多数。①②

相近种　**蕨麻** ***Potentilla anserina*** L. 单花腋生，花瓣黄色，倒卵形③。**雪白委陵菜** ***Potentilla nivea*** L. 聚伞花序顶生，少花，稀单花，花瓣黄色，倒卵形，顶端下凹④。

mǔdāncǎo

牡丹草

Gymnospermium microrrhynchum
(S. Moore) Takht.

科属：小檗科，牡丹草属。
生境：林中或林缘。
花期：4~5 月。

多年生草本。根状茎块根状；地上茎直立，顶生 1 片叶。叶为三出或二回三出羽状复叶，草质，小叶具柄，叶片 3 深裂至基部，裂片长圆形至长圆状披针形，全缘，先端钝圆；托叶大，2 片，先端 2~3 浅裂。总状花序顶生，单一，具花 5~10 朵；苞片宽卵形；花淡黄色；萼片 5~6 枚，倒卵形，先端钝圆；花瓣 6 枚，蜜腺状，先端平截；雄蕊 6 枚；雌蕊基部具短柄或近无柄，子房卵形，胚珠 2~3 粒，花柱极短，柱头平截。蒴果扁圆形，5 瓣裂至中部。①②③④

píngpéngcǎo

萍蓬草 黄金莲，萍蓬莲

Nuphar pumila (Timm) DC.

科属：睡莲科，萍蓬草属。

生境：湖沼中。

花期：5~7 月。

多年水生草木；根状茎横卧，肥厚肉质，略呈扁柱形。叶生于根状茎先端，漂浮水面，叶片纸质，宽卵形或卵形，少数椭圆形，先端圆钝；叶柄扁柱形。花单朵顶生；萼片 5 枚，呈花瓣状，黄色，外面中央绿色，长圆状椭圆形或椭圆状倒卵形；花瓣多数，短小，倒卵状楔形，先端微凹；雄蕊多数，花丝扁平，子房广卵形，柱头盘状，常 10 浅裂，淡黄色或带红色。浆果卵形，种子长卵形，多数，褐色，有光泽。①②③④

shémei

龙吐珠，蛇泡草 **蛇莓**

Duchesnea indica (Andrews) Focke

科属：蔷薇科，蛇莓属。

生境：山坡、河岸、草地、潮湿的地方。

花期：6~8 月。

多年生草本。根状茎粗壮。有多数长而纤细的匍匐茎。掌状复叶具叶柄，疏离，托叶叶状，与叶柄分离；小叶通常 3 枚，膜质，倒卵形或菱状长圆形，先端圆钝，有钝锯齿；托叶窄卵形或宽披针形。花单生叶腋；萼片卵形，副萼片倒卵形，比萼片长，先端有 3~5 枚锯齿，外面有散生柔毛；花瓣倒卵形，黄色；雄蕊 20~30 枚；心皮多数，离生，花托在果期膨大，海绵质，鲜红色，有光泽。瘦果卵圆形，光滑或具不明显的突起。①②③④

shēnshānmáogèn

深山毛茛

Ranunculus franchetii H. Boissieu

科属：毛茛科，毛茛属。

生境：杂木林缘及灌丛下或沟边湿地。

花期：4~5 月。

多年生草本。须根发达，成束簇生，柔弱，斜升，上部分枝。基生叶多数，叶片肾形，基部心形，3 深裂不达基部；上部叶无柄，叶片 3~5 片全裂至近基部，裂片披针形或长圆形。花单生各分枝末端，花梗细；萼片狭卵形；花瓣 5~7 片，倒卵形，长约为萼的 2 倍，基部有短爪，蜜腺呈点状；花托凹凸不平，生短毛。聚合果近圆形；瘦果倒卵状圆形或近圆形。①②③④

xìngcài

荇菜

金莲子，莲叶荇菜

Nymphoides peltata (S. G. Gmel.) Kuntze

科属：睡菜科，荇菜属。

生境：池塘或不甚流动的河溪中。

花期：4~10 月。

多年生水生草本。茎圆柱形，多分枝，节下生根。上部叶对生，下部叶互生，叶片漂浮，近革质，圆形或卵圆形，全缘。花常多数，簇生节上，5 数；花冠金黄色，分裂至近基部，冠筒短，裂片宽倒卵形，先端圆形或凹陷，中部质厚的部分卵状长圆形，边缘宽膜质，近透明，具不整齐的细条裂齿；雄蕊着生于冠筒上，整齐。蒴果椭圆形，宿存花柱，成熟时不开裂。①②③④

dàbāoxuāncǎo

大苞萱草 大花萱草

Hemerocallis middendorffii Trautv. & C. A. Mey.

科属：百合科，萱草属。
生境：较低海拔林下、湿地、草甸或草地。
花期：6~10 月。

多年生草本。叶条形，基生，上部下弯。花葶由叶丛中抽出，直立，与叶近等长，不分枝，花仅数朵簇生于顶端；苞片宽卵形或心状卵形，先端长渐尖至近尾状；花金黄色或橘黄色，芳香，花被裂片狭倒卵形至狭长圆形，内三片较宽；雄蕊 6 枚，着生于花被管上端，花药黄色。蒴果椭圆形，稍有三钝棱。①②

相近种 **北黄花菜** ***Hemerocallis lilioasphodelus*** L. 花序分枝，具 4 朵至多朵花，花被淡黄色③。**小黄花菜** ***Hemerocallis minor*** Mill. 苞片近披针形④。

yuèjiàncǎo

山芝麻，夜来香 # 月见草

Oenothera biennis L.

科属：柳叶菜科，月见草属。

生境：栽培或逸生于旷荒坡路旁。

花期：7~10 月。

二年生直立草本。基生莲座叶丛紧贴地面。基生叶倒披针形，边缘疏生不整齐浅钝齿；茎生叶椭圆形或倒披针形，基部楔形，有稀疏钝齿。穗状花序，不分枝，或在主序下面具次级侧生花序；苞片叶状，宿存。萼片长圆状披针形，先端尾状，自基部反折，又在中部上翻；花瓣黄色，稀淡黄色，宽倒卵形，先端微凹；子房圆柱状，具 4 棱，花柱伸出花筒。蒴果锥状圆柱形，直立，绿色，毛被同子房，渐稀疏，具棱。①②③④

cèjīnzhǎnhuā

侧金盏花 顶冰花，福寿草

Adonis amurensis Regel & Radde

科属：毛茛科，侧金盏花属。

生境：山坡草地或林下。

花期：3~4 月。

多年生草本。叶在花后伸展，茎下部叶柄长，叶片正三角形，三回近羽状细裂，最终裂片呈披针形。花单生茎顶；萼片约为 9 枚，长圆形或倒卵状长圆形，黄色，略带紫色，与花瓣等长或稍长；花瓣约为 10 枚，长圆形，黄色，矩圆形或倒卵状矩圆形；雄蕊、心皮多数。①②

相近种　**辽吉侧金盏花** ***Adonis ramosa*** Franch. 叶无柄或近无柄，叶片长圆形或狭卵形，花瓣黄色③。**北侧金盏花** ***Adonis sibirica*** Patrin ex Ledeb. 花大，黄色④。

chángbáishāntuówú

单花橐吾，单头橐吾 **长白山橐吾**

Ligularia jamesii (Hemsl.) Kom.

科属：菊科，橐吾属。
生境：林下、灌丛及高山草地。
花期：7~8 月。

多年生草本。根状茎短，呈不规则块状，具多数须根及纤维状残叶。根丛生，细长，外皮棕褐色。茎直立。基生叶 3~5 枚，有长柄，抱茎。叶三角形至戟形，先端尖，基部深心形，其两侧深陷为裂片，边缘有锯齿；茎叶较小，叶柄基部翼状，抱茎，向上渐小。头状花序单生茎顶，苞片 2~3 枚，广卵形至条形，被白色蛛丝状毛；总苞宽钟形，总苞片长圆形，黑紫色；舌状花 10 枚以上，黄色；筒状花多数。瘦果圆柱形；冠毛浅褐色，与瘦果等长。①②③④

cháoxiǎnpúrgēn

朝鲜蒲儿根

Tephroseris koreana (Kom.) B. Nord. & Pelser

科属：菊科，狗舌草属。

生境：林下阴湿处。

花期：6月。

茎叶多年生草本。茎单生，直立，绿色或紫色。叶片三角形或三角状心形，顶端尖或渐尖，基部宽心形，边缘具齿；叶柄细，无翅，基部稍扩大；下部及中部茎叶与基部叶同形，基部心形或戟形，叶柄稍具翅，基部近抱茎，上部茎叶渐小，具短柄。头状花序较多数，排列成顶生伞房花序；花序梗细。总苞钟状；舌状花黄色，长圆形，顶端钝，具3枚细齿，具4条脉；管状花多数，花冠黄色，檐部钟状；花柱分枝外弯。瘦果圆柱形；冠毛白色。①②③④

kuǎndōng

款冬

虎须，九尽草

Tussilago farfara L.

科属：菊科，款冬属。
生境：山谷湿地或林下。
花期：2~3 月。

多年生葶状草本。根茎横生。先叶开花，早春抽出花葶，有互生淡紫色鳞状苞叶。基生叶卵形或三角状心形，后出基生叶宽心形，边缘波状，顶端有增厚疏齿，掌状脉，具长柄。头状花序单生花葶顶端，初直立，花后下垂；总苞钟状，总苞片 1~2 层，披针形或线形，常带紫色；花序托平。小花异形；边缘有多层雌花，花冠舌状，黄色，柱头 2 裂；中央两性花少数，花冠管状，5 裂，花药基部尾状，柱头头状，不结实。瘦果圆柱形；冠毛白色，糙毛状。①②③④

máyèqiānlǐguāng

麻叶千里光 宽叶还魂草

Senecio cannabifolius Less.

科属：菊科，千里光属。

生境：草地、林下或林缘。

花期：7 月。

多年生草本。下部叶在花期枯萎；中部叶较大，羽状或近掌状深裂，裂片有密锯齿；叶柄短，基部有 2 枚小耳；上部叶小，常不裂，条形。头状花序多数，在茎和枝端排列成复伞房状；总苞筒状；舌状花 8~10 枚，黄色，舌片矩圆状舌形；管状花较多数。瘦果圆柱形，无毛；冠毛污黄白色。①②

相近种　**林荫千里光** ***Senecio nemorensis*** L. 叶无耳，冠毛白色③。**琥珀千里光** ***Senecio ambraceus*** Turcz. ex DC. 管状花的瘦果被疏柔毛④。

wúyīngtuówú

无缨橐吾

Ligularia biceps Kitag.

科属：菊科，橐吾属。
生境：草坡。
花期：7 月。

多年生草本。茎直立，基部被枯叶柄纤维包围。丛生叶与茎下部叶具柄，光滑，中部以上具宽翅，叶片卵形至圆形，先端钝圆，边缘具波状齿或全缘，基部心形；茎中上部叶较小，无柄；最上部叶苞叶状。头状花序 1~9 个，辐射状，常排列成伞房状；总苞钟形，果时成杯状，灰黑色。舌状花 6~13 朵，黄色，舌片宽椭圆形，先端全缘或有齿；管状花，冠毛缺。瘦果褐色，光滑。①②③

相近种　**橐吾** ***Ligularia sibirica*** (L.) Cass. 冠毛白色，与花冠等长④。

yějú

野菊 菊花脑，疟疾草

Chrysanthemum indicum L.

科属：菊科，菊属。

生境：山坡、水湿地、滨海盐渍地等处。

花期：6~11 月。

多年生草本。基生叶脱落；茎生叶卵形或矩圆状卵形，羽状深裂，先端裂片大，裂片边缘均有浅裂或锯齿；上部叶渐小。头状花序生茎枝顶端排列成伞房状圆锥花序或不规则伞房花序；舌状花黄色，1~2 层；中央为管状花，深黄色，先端 5 齿裂，雄蕊 5 枚，花丝分离；雌蕊 1 枚，花柱细长。瘦果全部同型。①②③

相近种　甘菊 ***Chrysanthemum lavandulifolium*** (Fisch. ex Trautv.) Makino 叶二回掌状或掌式羽状分裂或二回羽状分裂，舌状花白、粉红色④。

chángbáigǒushécǎo

长白狗舌草

Tephroseris phaeantha
(Nakai) C. Jeffrey & Y. L. Chen

科属：菊科，狗舌草属。
生境：多石山坡。
花期：7~8 月。

多年生草本。基生叶莲座状，具柄，卵状长圆形或椭圆形；茎叶少数，向上部渐小。头状花序 2~6 个排成顶生伞房花序；总苞钟状，紫色。舌状花约 13 朵，舌片黄色，顶端具 3 细齿。管状花多数，花管黄色，裂片褐紫色。瘦果圆柱形；冠毛白色。①②

相近种　**湿生狗舌草** ***Tephroseris palustris*** (L.) Rchb. 二年生或一年生草本，冠毛在果期明显伸长③。**狗舌草** ***Tephroseris kirilowii*** (Turcz. ex DC.) Holub 基生叶较狭，叶柄具翅④。

dōngběiyācōng

东北鸦葱

Scorzonera manshurica Nakai

科属：菊科，鸦葱属。

生境：干燥山坡。

花期：4~5 月。

多年生草本。茎直立，常在头状花序下膨大。基生叶宽披针形至长椭圆状卵形，基部渐狭成有翅的叶柄，边缘平展；茎生叶 2~3 枚，下部的宽披针形，上部的鳞片状。头状花序单生枝端，花全部为舌状；总苞筒状，稍带紫色，总苞片 3~4 层；舌状花黄色，先端 5 裂，两性，结实。瘦果圆柱形，苍白褐色；冠毛污黄色，羽状。①②③

相近种　桃叶鸦葱 *Scorzonera sinensis* (Lipsch. & Krasch.) Nakai 总苞圆柱状，瘦果光滑无毛，肉红色④。

júyù

菊芋

洋姜，五星草

Helianthus tuberosus L.

科属：菊科，向日葵属。

生境：路旁、田野、荒地。

花期：8~9 月。

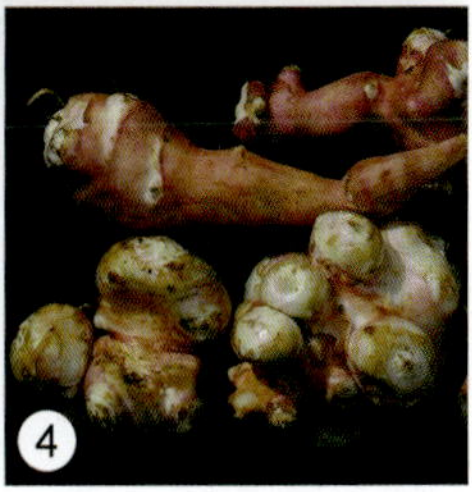

多年生草本。茎直立，有分枝。叶通常对生，有叶柄，但上部叶互生；下部叶，有长柄，基部宽楔形或圆形；上部叶，基部渐狭，顶端渐尖，短尾状。头状花序较大，少数或多数，单生于枝端，有 1~2 个线状披针形的苞叶，直立；总苞片多层，披针形，顶端长渐尖；苞片长圆形，背面有肋，上端不等三浅裂。舌状花通常 12~20 枚，舌片黄色，开展，长椭圆形；管状花花冠黄色。瘦果小，上端有 2~4 个有毛的锥状扁芒。①②③④

kuānyèhuányángshēn

宽叶还阳参

Crepis coreana (Nakai) H. S. Pak

科属：菊科，还阳参属。
生境：林缘、林下、草甸及草原。
花期：7~9月。

多年生草本。茎单一，直立，光滑，无毛。基生叶及茎下部叶花期宿存，具翼状柄；叶片广披针形、卵状披针形或广卵形；中部叶 1~2 枚，无柄，广披针形或披针形，基部截形或微心形，抱茎。头状花序单生或 2~4 个排列成伞房状，花序梗长；总苞钟状，总苞片 3 层，外层线状披针形，中内层披针形，先端渐尖；舌状花黄色，舌片先端截形，5 齿裂。瘦果圆柱形，稍压扁，黄褐色，具 10 条以上纵肋；冠毛白色。①②③④

xiànyèjú

兔毛蒿 线叶菊

Filifolium sibiricum (L.) Kitam.

科属：菊科，线叶菊属。

生境：山坡草地。

花期：6~9 月。

多年生草本。茎丛生，密集，基部具密厚的纤维鞘。基生叶有长柄，倒卵形或矩圆形，茎生叶较小，互生，二至三回羽状全裂，末回裂片线形。头状花序在茎枝顶端排成伞房花序；总苞圆形或半圆形；总苞片 3 层，卵形至宽卵形，边缘膜质，顶端圆形，背部厚硬，黄褐色。边花约 6 朵，花冠筒状，压扁，顶端稍狭，具 2~4 个齿。盘花多数，花冠管状，黄色，顶端 5 裂齿，下部无狭管。瘦果倒卵形或椭圆形稍压扁，黑色，腹面有 2 条纹。①②③④

xuánfùhuā

旋覆花 金佛花，六月菊

Inula japonica Thunb.

科属：菊科，旋覆花属。

生境：湿润草地、河岸等处。

花期：6~10 月。

多年生草本。中部叶长圆形、长圆状披针形或披针形，基部常有圆形半抱茎小耳，无柄，有小尖头状疏齿或全缘；上部叶线状披针形。头状花序径 3~4 厘米，排成疏散伞房花序，花序梗细长。总苞半圆形，总苞片约 5 层，线状披针形，近等长。舌状花黄色，较总苞长 2~2.5 倍，舌片线形；管状花花冠长约 5 毫米，冠毛白色，与管状花近等长。瘦果圆柱形。①②③④

xiǎoyèjǐnjīr

雪里洼 小叶锦鸡儿

Caragana microphylla Lam.

科属：豆科，锦鸡儿属。
生境：固定、半固定沙地。
花期：3~6 月。

灌木。老枝深灰色或黑绿色，嫩枝被毛，直立或弯曲。羽状复叶有 5~10 对小叶；托叶长 1.5~5 厘米，脱落；小叶倒卵形或倒卵状长圆形，先端圆或钝，很少凹入，具短刺尖，幼时被短柔毛。花梗长约 1 厘米，近中部具关节，被柔毛；花萼管状钟形，萼齿宽三角形；花冠黄色，旗瓣宽倒卵形，先端微凹，基部具短瓣柄，翼瓣的瓣柄长为瓣片的 1/2，耳短，齿状；龙骨瓣的瓣柄与瓣片近等长，耳不明显，基部截平；子房无毛。荚果圆筒形，稍扁，具锐尖头。①②③④

jīnyínrěndōng

金银忍冬 金银木，王八骨头

Lonicera maackii (Rupr.) Maxim.

科属：忍冬科，忍冬属。

生境：林中或林缘溪流附近的灌木丛中。

花期：5~6 月。

灌木。高达 6 米，茎干直径达 10 厘米。冬芽小，卵圆形，有 5-6 对或更多鳞片。叶卵状椭圆形至卵状披针形，先端长渐尖，基部阔楔形，全缘；具叶柄。花序梗较叶柄短；苞片条形；相邻的两花之萼筒分离，长为子房的 1/2，萼筒钟状，中裂，裂片卵状披针形；花冠二唇形，初白色，后变黄色，芳香，花筒基部不膨大；雄蕊、花柱较花冠短。浆果红色。①②③④

dàhuánghuājǐncài

大黄花堇菜

Viola muehldorfii Kiss

科属：堇菜科，堇菜属。

生境：针阔混交林林下或溪边。

花期：5 月中下旬至 6 月下旬。

多年生草本。基生叶 1~3 枚，心形或肾形；茎生叶常 3 枚，下方 1 枚叶圆心形，上方 2 枚叶片生于茎顶，近对生，卵形，具短柄或近无柄。花金黄色，生于茎顶第 1 枚叶的叶腋；花瓣倒卵形，有紫色脉纹，下瓣近匙形，距较粗。蒴果椭圆形。①②

相近种　**双花堇菜** ***Viola biflora*** L. 花黄色或淡黄色，花柱上半部 2 深裂，裂片斜展③。**东方堇菜** ***Viola orientalis*** (Maxim.) W. Becker 最下方 1 枚茎生叶位于茎中部以上，其叶腋生花，花较小，黄色④。

bíhuā

鼻花

Rhinanthus glaber Lam.

科属：玄参科，鼻花属。

生境：草甸。

花期：6~8 月。

一年生草本。植株直立。茎有棱，有 4 列柔毛，不分枝或分枝，分枝及叶几乎垂直向上，紧靠主轴。叶无柄，条形至条状披针形，长 2~6 厘米，与节间近等长，两面有短硬毛，背面的毛着生于斑状突起上，叶缘有规则的三角状锯齿，齿尖朝向叶顶端，齿缘有胼胝质加厚，并有短硬毛。苞片比叶宽，花序下端的苞片边缘齿长而尖，而花序上部的苞片具短齿；花梗很短；花萼长约 1 毫米；花冠黄色，长约 17 毫米，下唇贴于上唇。蒴果藏于宿存的萼内。种子边缘有翅。①②③④

lǐzǎo

闸草 **狸藻**

Utricularia vulgaris L.

科属：狸藻科，狸藻属。
生境：湖泊、池塘、沼泽及水田中。
花期：6~8 月。

水生多年生食虫草本。无根；茎柔软，多分枝，呈较粗的绳索状，横生于水中。叶互生，紧密，叶二至三回羽状分裂，裂片多，细条形，边缘具刺状齿，具许多捕虫囊；捕虫囊生于小裂片基部，膜质，卵形或近圆形，囊口为瓣膜所封闭。花葶直立；花两性，两侧对称，在花葶上部有 5~11 朵花形成疏生总状花序；花萼 2 深裂；花冠唇形，橙黄色，上唇短，宽卵形，全缘，下唇较长，先端 3 浅裂，基部有距，花冠假面状。蒴果圆形。①②③④

dáwūlǐxīnbā

达乌里芯芭

Cymbaria daurica L.

科属：玄参科，芯芭属。

生境：干山坡与沙砾草原上。

花期：6~8 月。

多年生草本。植株密被白色绢状长柔毛，呈银白色。茎成丛生，基部密被鳞叶。叶对生，无柄，线形或线状披针形，全缘，稀分裂。总状花序顶生，花少数，具短梗；具 2 枚小苞片，线形或披针形。花萼筒内外被毛，萼齿 5 枚，线形或披针形齿间有 1~2 枚小齿；花冠黄色，内在腺点，上唇先端 2 裂，略前弯，下唇 3 裂，有 2 褶襞；雄蕊 4 枚，2 枚强，花丝基部被毛，花药顶部被长柔毛。蒴果长卵圆形。①②③④

fùxùtuówú

复序橐吾

东北熊疏

Ligularia jaluensis Kom.

科属：菊科，橐吾属。

生境：草甸子及林缘。

花期：7~9 月。

多年生草本。基生叶 2 枚，具长柄，具鞘抱茎；叶片心状肾形或三角状肾形，边缘具锐尖牙齿；茎生叶小，无柄，具鞘抱茎。头状花序排列呈圆锥状；总苞钟形；边花 6~8 朵，雌性，舌状，黄色，先端急尖；中央花多数，两性，花冠管状。冠毛白色，与管状花近等长。①②

相近种　**狭苞橐吾** ***Ligularia intermedia*** Nakai 茎生叶有膨大的鞘，叶脉掌状，苞片线形或线状披针形③。**蹄叶橐吾** ***Ligularia fischeri*** (Ledeb.) Turcz. 苞片卵形或卵状披针形，冠毛红褐色④。

liǔchuānyú

柳穿鱼

Linaria vulgaris Mill.

科属：玄参科，柳穿鱼属。

生境：山坡、草地或多沙草原。

花期：6~9 月。

多年生草本。茎直立，单一或分枝，无毛。叶通常互生或下部叶轮生，稀全部叶均为 4 片轮生的；叶条形，通常具单脉，稀 3 脉。总状花序顶生，多花密集；苞片条形至狭披针形，比花梗长；花梗长 3~10 毫米；花萼裂片披针形，外面无毛，里面稍密被腺毛；花冠黄色，上唇比下唇长，裂片卵形，下唇侧裂片卵圆形，中裂片舌状，距稍弯曲；雄蕊 4 枚，2 枚较长；雌蕊子房上位，2 室。蒴果椭圆状圆形或近圆形。种子圆盘形。①②③④

máoguǒyīzhīhuánghuā

毛果一枝黄花

Solidago dahurica (Kitag.) Kitag. ex Juz.

科属：菊科，一枝黄花属。

生境：林下、林缘或灌丛中。

花期：6~9 月。

多年生草本。中部茎生叶椭圆形、长椭圆形或披针形；茎下部叶与中部茎生叶同形，稀卵形；叶下部渐窄，沿叶柄下延成翅，下部叶的叶柄通常与叶片等长，有锯齿。头状花序，在茎上部分枝上排成长圆锥状花序，或成总状花序，稀成复头状花序；总苞钟状，总苞片 4~6 层，披针形或长披针形，边缘窄膜质。边缘舌状花黄色，两性花多数。冠毛白色。①②③④

shānlán

山兰

Oreorchis patens (Lindl.) Lindl.

科属：兰科，山兰属。

生境：林地、灌丛、草地或沟谷旁。

花期：6~7 月。

近危种。多年生草本。根状茎匍匐，假鳞茎卵状椭圆形或圆形，具节，顶端具 1~2 枚叶。叶披针形。基部楔形收缩为柄；花葶从假鳞茎顶端的节处生出，下部具褐色膜质长鞘，上部具数枚鳞片；总状花序，花疏生，黄褐色，时常下垂；中萼片狭矩圆形，顶端略钝；侧萼片与中萼片相似，偏斜；花瓣镰状矩圆形；唇瓣白色带紫斑，3 裂，中裂片倒卵形，向下楔形，前部边缘皱波状；侧裂片镰刀状，长约为中裂片的一半；合蕊柱细长。蒴果长圆状。①②③④

zhūguǒhuángjǐn

狭裂珠果黄堇 # 珠果黄堇

Corydalis speciosa Maxim.

科属：罂粟科，紫堇属。
生境：林缘、路边或水边多石地。
花期：4~9 月。

①

②

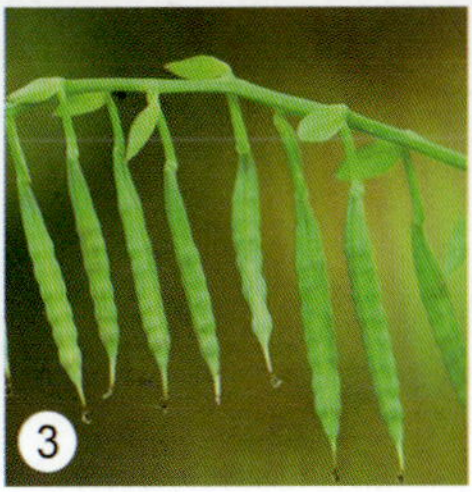

③

④

多年生灰绿色草本。叶延茎向上渐近无柄，狭长圆形，二回羽状全裂，二回羽片羽状深裂，裂片线形至披针形。总状花序生茎和腋生枝的顶端，花密集。花金黄色，近平展或稍俯垂。外花瓣较宽展，无鸡冠状突起；距约占花瓣全长的 1/3，末端囊状；内花瓣顶端微凹，具短尖和粗厚的鸡冠状突起。雄蕊束披针形，较狭。蒴果线形，俯垂，念珠状。①②③

相近种　**地丁草** ***Corydalis bungeana*** Turcz. 花粉红色至淡紫色，平展，外花瓣具浅鸡冠状突起，内花瓣顶端深紫色④。

cìshēn

刺参 东北刺人参

Oplopanax elatus (Nakai) Nakai

科属：五加科，刺参属。

生境：落叶阔叶林下。

花期：6~7 月。

易危种。多刺灌木。叶片薄纸质，近圆形，掌状 5~7 浅裂，裂片三角形或阔三角形，边缘有锯齿，齿有短刺和刺毛。圆锥花序近顶生，主轴密生短刺和刺毛；伞形花序，有花 6~10 朵，上部者无总花梗，下部者有总花梗；总花梗密生刺毛；萼边缘有 5 枚小齿；花瓣 5 枚，长圆状三角形；雄蕊 5 枚；子房 2 室；花柱 2 个。基部合生或合生至中部。果实圆形，黄红色；花柱宿存。①②③④

dùnyèwǎsōng

钝叶瓦松

Orostachys malacophylla (Pall.) Fisch.

科属：景天科，瓦松属。
生境：岩石缝中。
花期：7 月。

二年生草本。第一年仅有莲座状叶；叶矩圆形至卵形，先端钝，第二年生出花茎，茎生叶互生，接近，无柄，近匙状倒卵形，较莲座叶大，先端有短尖，两边有紫红色的斑点。总状花序紧密，圆柱形，花无梗或近无梗；萼片 5 枚，卵形，急尖；花瓣 5 枚，矩圆状卵形，绿色或白色，上部边缘常有缺刻锯齿，基部合生；雄蕊 10 枚，较花瓣稍长，花药黄色；心皮 5 枚。蓇葖果卵形，两端渐尖，与花瓣近等长；种子细小，多数。①②③④

huánghuāwūtóu

黄花乌头 白附子，黄乌拉花

Aconitum coreanum (H. Lév.) Rapaics

科属：毛茛科，乌头属。

生境：山地草坡或疏林中。

花期：8~9 月。

多年生草本。块根肥厚，倒卵状圆形或纺锤形。叶片宽菱状卵形，掌状 3~5 全裂，各裂片细裂成条形或线状披针形。总状花序，花 2~7 朵，下部苞片叶状细裂，小片苞片条形，生花梗中部，花梗长 0.8~2 厘米，萼片淡黄色，上萼片船状盔形，下缘长 1~1.5 厘米，喙短，侧萼片斜宽倒卵形，下萼片斜椭圆状卵形；花瓣无毛，爪细，距极短，头形；雄蕊多数，花丝全缘，疏被短毛；心皮 3 枚。蓇葖果，种子椭圆形，具 3 条纵棱，表面稍皱，沿棱具狭翅。①②③④

júhāo

艾菊 **菊蒿**

Tanacetum vulgare L.

科属：菊科，菊蒿属。

生境：山坡、河滩、草地等处。

花期：6~8月。

1

2

3

4

多年生草本。茎直立，单生或少数茎成簇生。茎叶多数，全形椭圆形或椭圆状卵形，二回羽状分裂。一回为全裂，侧裂片达12对；二回为深裂，二回裂片卵形、线状披针形、斜三角形或长椭圆形，边缘全缘或有浅齿或为半裂而呈三回羽状分裂。羽轴有节齿。下部茎叶有长柄，中上部茎叶无柄。头状花序多数，在茎枝顶端排成稠密的伞房或复伞房花序。总苞片3层，草质。全部小花管状，边缘雌花比两性花小。瘦果，冠毛冠状。①②③④

sānyāwūyào

三桠乌药

Lindera obtusiloba Blume

科属：樟科，山胡椒属。
生境：山谷、密林灌丛中。
花期：3~4 月。

落叶乔木或灌木。叶互生，近圆形至扁圆形，先端急尖，全缘或 3 裂，常明显 3 裂，基部近圆形或心形，有时宽楔形。总苞片 4 枚，长椭圆形，膜质，内面无毛，内有花 5 朵。雄花花被片 6 枚，长椭圆形；能育雄蕊 9 枚；退化雌蕊长椭圆形，花柱、柱头不分，成一小凸尖。雌花花被片 6 枚，长椭圆形，内轮略短；退化雄蕊条片形；子房椭圆形。果广椭圆形，成熟时红色，后变紫黑色，干时黑褐色。①②③④

chángbànjīnliánhuā

长瓣金莲花

Trollius macropetalus

(Regel) F. Schmidt

科属：毛茛科，金莲花属。

生境：湿草地。

花期：7~9 月。

多年生草本。有纵棱。上部有分枝，基部有纤维残基。基生叶 2~4 枚，叶柄极长，叶片掌状五角形，3 全裂，中裂片菱形，3 中裂，小裂片有缺刻状小牙齿，侧裂片歪斜，2 深裂至基部；茎生叶 3~4 枚，与基生叶相似，较小；顶部叶小型，不分裂。花生茎及分枝顶端，花梗长。花大，萼片 5~7 枚，金黄色，宽卵形，基部狭窄，先端渐尖。①②③

相近种　**短瓣金莲花** ***Trollius ledebourii*** Rchb. 花单生或 2~3 朵组成聚伞花序，萼片 5~8 枚，黄色④。

dàhuājuǎndān

大花卷丹 山丹花

Lilium leichtlinii
var. ***maximowiczii*** (Regel) Baker

科属：百合科，百合属。
生境：谷底沙地。
花期：7~8月。

易危种。多年生草本。花 3~10 余朵排成总状花序或圆锥花序；苞片位于花梗中下部，叶状或卵状披针形；花大而下垂，花被片 6 枚，2 轮，反卷，橙红色，内面有紫黑色斑点；雄蕊 6 枚，花丝淡橙红色或淡红色，花药深紫红色；花柱与花丝同色，柱头紫色，稍膨大，3 裂。①②

相近种 **山丹** ***Lilium pumilum*** Redoute 叶条形，花鲜红色，苞片先端不增厚③。**条叶百合** ***Lilium callosum*** Siebold & Zucc. 叶条形，苞片先端增厚，花较小，红色或淡红色，几无斑④。

juǎndān

卷丹

Lilium tigrinum Ker Gawl.

科属：百合科，百合属。

生境：山坡灌木林下、草地路边或水旁。

花期：7~8 月。

多年生草本。鳞茎近宽圆形；鳞片宽卵形，白色。茎带紫色条纹。叶散生，矩圆状披针形或披针形。花 3~6 朵或更多；苞片叶状，卵状披针形，先端钝；花梗紫色；花下垂，花被片披针形，反卷，橙红色，有紫黑色斑点；外轮花被片较窄；内轮花被片稍宽；雄蕊四面张开，花丝淡红色，花药矩圆形；子房圆柱形；柱头稍膨大，3 裂。①②③④

hónglúngǒushécǎo

红轮狗舌草 红轮千里光

Tephroseris flammea (Turcz. ex DC.) Holub

科属：菊科，狗舌草属。

生境：山地草原及林缘。

花期：7~8 月。

多年生草本。基生叶花期凋落，椭圆状长圆形，基部楔状具长柄；下部茎生叶倒披针状长圆形，基部窄成翅，稍下延成叶柄半抱茎，边缘中部以上具尖齿；中部叶无柄，椭圆形或长圆状披针形；上部叶线状披针形或线形。头状花序排成近伞形伞房花序；总苞钟状，总苞片约 25 枚，草质，深紫色。舌状花 13~15 朵，舌片深橙色或橙红色，线形；管状花多数，花冠黄色或紫黄色。①②③④

māorjú

黄金菊，小蒲公英 **猫儿菊**

Hypochaeris ciliata (Thunb.) Makino

科属：菊科，猫儿菊属。

生境：山坡草地、林缘路旁或灌丛中。

花期：6~9 月。

多年生草本。茎直立，不分枝，基部被黑褐色残叶鞘。基生叶簇生，有柄；叶片长圆状匙形，基部下延至柄呈翼状，尖端锐尖；茎下部叶与基生叶、中上部叶抱茎，向上渐小，长圆形或椭圆形，边缘具小牙齿。头状花序大，单生于茎顶；总苞半圆形或钟形，总苞片 3~4 层，外层卵形或长圆状卵形，内层披针形，先端钝尖；花橙黄色，舌状，先端 5 齿裂；花托具狭披针形托片。瘦果圆柱状，有纵沟；冠毛 1 层，羽状。①②③④

shóoyào

芍药

Paeonia lactiflora Pall.

科属：芍药科，芍药属。

生境：山坡草地。

花期：5~6 月。

多年生草本。茎直立，圆柱形。叶互生，近革质，一至二回三出复叶或上部叶为单叶，3 深裂；小叶卵形、椭圆形或披针形。花大型；萼片 3~5 枚，常 4 枚，卵圆形或倒卵状椭圆形，绿色或带紫色；花瓣 8~13 枚，倒卵形或倒卵状椭圆形，白色或粉红色；雄蕊多数，花药较大，黄色；心皮 2~5 枚；花盘浅杯状，柱头暗紫色。蓇葖果卵形或椭圆形。种子红褐色。①②③

相近种　草芍药 ***Paeonia obovata*** Maxim. 花瓣 6 枚，粉红色或淡紫红色，倒卵形④。

hébāoténg

合瓣花，藤荷包牡丹 **荷包藤**

Adlumia asiatica Ohwi

科属：罂粟科，荷包藤属。

生境：针叶林下或林缘。

花期：7~9 月。

多年生草质藤本。茎细长，弯曲。基生叶有长柄，上部叶柄短；叶片三回近羽状全裂，顶端小叶柄常呈卷须状，末回裂片狭卵形至近菱形，先端钝，不裂或分裂为 2~3 片小裂片，裂片扁平、柔嫩。数个聚伞花序生于叶腋；有花 5~20 朵；花下垂，粉色或白色，萼片 2 枚，长圆状三角形；花瓣 4 枚合生部分有 4 条纵翅，基部囊状，外面花瓣分生部分披针形，内面花瓣的分生部分较短，圆匙形；雄蕊 6 枚，3 枚成 1 组，花丝大部分合生。蒴果条形，裂为 2 片。①②③④

běijíhuā

北极花 北极林奈草，林奈花

Linnaea borealis L.

科属：北极花科，北极花属。

生境：针叶林下或树干及长满苔藓的岩石。

花期：7~8 月。

近危种。常绿匍匐亚灌木。茎细长，红褐色。叶对生，圆形或倒卵形，中部以上具 1~3 对浅圆齿；叶柄短。双花顶生小枝顶端，花梗细长；苞片 1 对，着生 2 花梗基部；小苞片 1~2 对；紧贴萼筒基部；萼檐 5 裂；花冠钟状，淡红色或白色，裂片卵圆形；雄蕊 4 枚，二强，着生冠筒中部以下，花药黄色，内藏；子房 3 室，1 室发育，花柱细长，伸出花冠。核果瘦果状，近圆形，黄色，下垂，种子 1 粒。①②③④

dǎwǎnhuā

扶子苗，喇叭花 **打碗花**

Calystegia hederacea Wall.

科属：旋花科，打碗花属。

生境：平原至高海拔荒地、路边、田野。

花期：3~9月。

一年生草本。植株光滑；茎蔓生，缠绕或匍匐分枝。叶互生，具长柄，基部的叶全缘，近椭圆形，基部心形，茎上部的叶三角状戟形，侧裂片开展，通常2裂，中裂片披针形或卵状三角形，顶端钝尖，基部心形。花单生叶腋，花梗具棱角；苞片2枚，佝偻状，卵圆形，包住花萼，宿存；萼片5枚，矩圆形，稍短于苞片，具小尖凸；花冠漏斗状，粉红色；雄蕊5枚，基部膨大，有细鳞毛；子房2室，柱头2裂。蒴果卵圆形，光滑。种子卵圆形，黑褐色。①②③④

jǐndàihuā

锦带花 海仙，锦带

Weigela florida (Bunge) A. DC.

科属：锦带花科，锦带花属。

生境：杂木林下或山顶灌木丛中。

花期：4~8 月。

1

2

3

4

灌木。叶对生，常为椭圆形、倒卵形或卵状长圆形，先端凸尖或渐尖，基部圆形至楔形，边缘有锯齿；叶柄短。花序腋生，花大；花萼近无毛或有疏毛，下部合生，上部 5 中裂；花冠外面紫红色，内面苍白色，漏斗状钟形，中部以下突然变狭，5 浅裂，裂片先端圆形，开展；雄蕊 5 枚，着生在花冠的中上部，较花冠稍短，花药长形，纵裂；子房下位，柱头头状。蒴果圆柱形，具柄状的喙，2 瓣室间开裂；种子细小。①②③④

lángdú

狼毒

Stellera chamaejasme L.

科属：瑞香科，狼毒属。
生境：高山草坡、草坪或河滩台地。
花期：4~6月。

多年生草本。根茎粗大；茎丛生，不分枝，草质。叶互生，稀对生或近轮生，披针形或椭圆状披针形，先端渐尖或尖，基部圆，全缘，侧脉4~6对；叶柄基部具关节。头状花序顶生，具绿色叶状苞片。花黄、白色或下部带紫色，芳香；萼筒纤细，具明显纵脉，基部稍膨大，裂片5枚，长圆形，先端圆，常具紫红色网状脉纹；雄蕊10枚，2轮，下轮着生于花萼筒中部以上，上轮着生于花萼筒喉部，花药微伸出。果圆锥状，为萼筒基部包被；果皮淡紫色，膜质。①②③④

méiguī

玫瑰

Rosa rugosa Thunb.

科属：蔷薇科，蔷薇属。

生境：滨海山坡，海岸沙滩，近海岛屿。

花期：5~6 月。

濒危种。落叶灌木。茎粗壮，丛生，有刺及刺毛。叶基部下方有一对粗刺，奇数羽状复叶，小叶 5~9 枚，椭圆形至椭圆状倒卵形，先端尖，基部楔形，边缘有锐尖单锯齿，有皱纹；托叶较宽，披针形。花单生或 3~6 朵簇生；花单瓣，紫色，芳香；花柱离生。①②

相近种　**长白蔷薇** ***Rosa koreana*** Kom. 花单生于叶腋，花瓣白色或带粉色，倒卵形，先端微凹③。**山刺玫** ***Rosa davurica*** Pall. 花单生叶腋，或 2~3 朵簇生，花瓣粉红色，倒卵形，先端不平整④。

sībànjiǎnqiūluó

燕尾仙翁 **丝瓣剪秋罗**

Lychnis Wilfordii (Regel) Maxim.

科属：石竹科，剪秋罗属。

生境：湿草甸、低湿地或林下。

花期：6~7 月。

多年生草本。叶长圆状披针形或长圆形，先端渐尖至长渐尖，基部渐狭。花 7~20 朵集生成二歧聚伞花序；萼齿三角形，尖锐，边缘膜质；花瓣 5 枚，瓣片鲜红色；雄蕊 10 枚，子房长圆形，花柱 5 个，细长。蒴果长卵形，顶端 5 齿裂，齿片反卷。种子圆肾形。①②

相近种　**浅裂剪秋罗** ***Lychnis cognata*** Maxim. 花 2~7 朵，顶生聚伞花序，橙红色或淡红色③。**剪秋罗** ***Lychnis fulgens*** Fisch. 花瓣深红色，爪内藏，窄披针形④。

tiánxuánhuā

田旋花 扶田秧，箭叶旋花

Convolvulus arvensis L.

科属：旋花科，旋花属。

生境：耕地及荒坡草地上。

花期：6~8 月。

多年生草本。单叶互生，叶片卵状长圆形至披针形，先端钝或具小尖头，基部大多戟形，或为箭形及心形，全缘或 3 裂。花 1 至多朵生于叶腋；苞片 2 枚，线形；花萼 5 枚，稍不等；花冠漏斗形，白色或粉红色，或具白色、粉红色或红色的瓣中带，5 浅裂；雄蕊 5 枚，稍不等长；雌蕊稍长，柱头 2 个。蒴果卵状圆形，或圆锥形。①②③

相近种　**银灰旋花** ***Convolvulus ammannii*** Desr. 叶线形或狭披针形，花常单生，淡玫瑰色或白色带紫色条纹④。

yānzhīhuā

胭脂花

Primula maximowiczii Regel

科属：报春花科，报春花属。
生境：林下和林缘湿润处。
花期：5~6 月。

多年生草本。叶丛基部无鳞片；叶柄具膜质宽翅，通常甚短，有时与叶片近等长；叶倒卵状椭圆形、窄椭圆形或倒披针形，先端钝圆或稍尖，基部渐窄，具三角形小牙齿，稀近全缘，侧脉纤细。花葶高 20~45 厘米，伞形花序 1~3 轮，每轮 6~10 朵花。花梗长 1~4 厘米；花萼窄钟状，分裂达全长 1/3，裂片角形，具腺状小缘毛；花冠暗朱红色，冠筒长 1.1~1.9 厘米，冠檐径约 1.5 厘米，裂片窄长圆形，全缘，常反贴冠筒。蒴果稍长于花萼。①②③④

máobǎihé

毛百合

Lilium dauricum Ker Gawl.

科属：百合科，百合属。

生境：灌丛、疏林下及湿草甸。

花期：6~7 月。

多年生草本。叶散生，在茎顶端有 4~5 叶轮生，狭披针形至披针形。花 1~4 朵生于茎顶，花梗直立；花大，钟形，橙红色或红色，有紫色斑点；花被片 6 枚，外轮 3 枚倒披针形，内轮 3 枚稍窄；雄蕊 6 枚，短于花被，花药红色；雌蕊比雄蕊稍长，子房圆柱形，花柱细长，柱头膨大，3 裂。蒴果倒卵形。①②③

相近种　**渥丹** ***Lilium concolor*** Salisb. 花直立，星状开展，深红色，无斑点，有光泽④。

shègān

射干

交剪草，野萱花

Belamcanda chinensis (L.) DC.

科属：鸢尾科，射干属。

生境：林缘或山坡草地处也可生长。

花期：6~8 月。

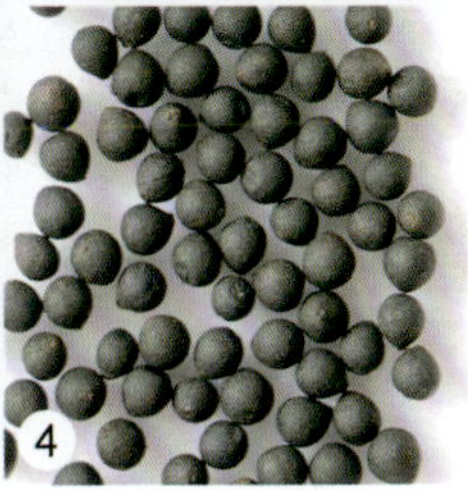

多年生草本。叶互生，嵌迭状排列，剑形，基部鞘状抱茎，顶端渐尖。花序顶生，叉状分枝，每分枝的顶端聚生有数朵花；花梗及花序的分枝处均包有膜质的苞片；花橙红色，散生紫褐色的斑点；花被裂片 6 枚，2 轮排列，外轮花被裂片倒卵形或长椭圆形，顶端钝圆或微凹，基部楔形，内轮较外轮花被裂片略短而狭；雄蕊 3 枚，着生于外花被裂片的基部；花柱上部稍扁，顶端 3 裂，裂片边缘略向外卷，子房下位，倒卵形，3 室。

①②③④

lián

莲 芙蓉，菡萏，荷花

Nelumbo nucifera Gaertn.

科属：莲科，莲属。

生境：湖泊、池塘或栽培。

花期：6~8 月。

多年生水生草本；根状茎肥厚横生泥中，节间膨大，节部缢缩。叶基生，圆形，盾状，挺出水面；叶柄粗壮，圆柱形，中空，着生叶背中央，外面散生小刺。花梗顶生一朵花；花美丽，芳香；萼片 4~5 枚，绿色；花瓣多数，红色，粉红色或白色，长圆状椭圆形至倒卵形；雄蕊多数，花丝细长，花药黄色；心皮多数；花托倒圆锥形，具 20~30 个小孔。内呈海绵状。坚果椭圆形或卵形，果皮革质，坚硬，熟时黑褐色。①②③④

jiǎohāo

角蒿

Incarvillea sinensis Lam.

科属：紫葳科，角蒿属。
生境：山坡、田野。
花期：5~9 月。

一年生至多年生草本。叶互生，二至三回羽状细裂，小叶不规则细裂，小裂片线状披针形，具细齿或全缘。顶生总状花序，疏散。小苞片绿色，线形；花萼钟状，绿色带紫红色，萼齿钻状，基部具腺体，萼齿间皱褶 2 浅裂；花冠淡玫瑰色或粉红色，有时带紫色，钟状漏斗形，基部细筒长约 4 厘米，径 2.5 厘米，花冠裂片圆形；雄蕊着生花冠近基部，花药成对靠合。蒴果淡绿色，细圆柱形，顶端尾尖。种子扁圆形，细小，四周具透明膜质翅，顶端具缺刻。①②③④

dōngběiyángāolán

东北岩高兰

Empetrum nigrum* var. *japonicum K. Koch

科属：杜鹃花科，岩高兰属。

生境：石山或林中。

花期：6~7 月。

易危种。常绿匍匐状小灌木。叶轮生或交互对生，下倾或水平伸展，线形，先端钝，边缘略反卷，叶面具皱纹，有光泽；无柄。花单性异株，1~3 朵生于上部叶腋，无花梗；苞片 3~4 枚，鳞片状，卵形，萼片 6 枚，外层卵圆形，里层披针形，与外层等长，暗红色，花瓣状，先端内卷，无花瓣；雄蕊 3 枚，花丝线形，花药较小；子房近陀螺形，花柱极短，柱头辐射状 6~9 裂。果成熟时紫红色至黑色。①②③④

hóngliǎo

东方蓼，狗尾巴花 红蓼

Polygonum orientale L.

科属：蓼科，蓼属。

生境：沟边湿地、村边路旁。

花期：6~9月。

一年生草本。叶卵形或宽卵形，先端渐尖，基部圆形或宽楔形，全缘，茎下部叶较大，上部叶变狭而呈卵状披针形；托叶鞘杯状或筒状，先端绿色，叶状。穗状花序圆柱形，下垂，顶生和腋生，组成疏松的圆锥花序；苞鞘状，宽卵形，内含1~5朵花；花梗细。花被紫红色、粉红色或白色，5深裂；雄蕊7枚，花药外露；花柱2个，基部合生。①②③

相近种 倒根蓼 ***Polygonum ochotense*** Petrov ex Kom. 穗状花序单生茎顶，粉红色，花密生④。

jùzǐjǐn

巨紫堇

Corydalis gigantea Trautv. & C. A. Mey.

科属：罂粟科，紫堇属。

生境：林中落叶层、沟边。

花期：6~8 月。

多年生草本。茎生叶具柄至无柄，叶片近三角形，质薄，二回羽状全裂，末回羽片 2~3 深裂，裂片椭圆形至长圆形。总状花序多数，组成复总状圆锥花序，多花；苞片线形。花淡紫红色至淡蓝色，俯垂至近平展；萼片膜质，椭圆形，具渐尖或近圆的顶端；距圆锥形至圆筒形。柱头三角状长圆形。蒴果小，近长圆形或狭卵圆形。①②③

相近种　**东紫堇** ***Corydalis buschii*** Nakai 总状花序有花 6~12 朵，密集，花淡紫红色，花瓣 4 枚，成 2 轮，外轮上瓣基部延伸成距④。

miánzǎor

绵枣儿

Barnardia japonica

(Thunb.) Schult. & Schult. f.

科属：百合科，绵枣儿属。

生境：山坡、草地、路边或林缘。

花期：7~11 月。

多年生草本。鳞茎卵形或近圆形，外皮黑褐色或褐色，鳞茎下部生有多数须根。叶基生，常 2~5 枚，条形，平滑，正面凹。花葶先叶抽出，顶生总状花序，具多数花，苞片小，线状；花小，粉红色、紫红色或粉白色；花被片 6 枚，长圆形、倒卵形或狭椭圆形，有深紫色的脉纹 1 条；雄蕊 6 枚。蒴果倒卵形，室背开裂。①②③④

shānyánhuángqí

山岩黄耆

Hedysarum alpinum L.

科属：豆科，岩黄耆属。
生境：河谷草甸和泛滥地林下。
花期：7~8 月。

多年生草本。托叶三角状披针形，棕褐色干膜质；小叶 9~17 枚，具短柄，卵状长圆形或狭椭圆形，先端钝圆。总状花序腋生；花多数，较密集着生，稍下垂，时而偏向一侧，具短花梗；苞片钻状披针形；花萼钟状，萼齿三角状钻形；花冠紫红色，旗瓣倒长卵形，先端钝圆，龙骨瓣长于旗瓣；子房线形。①②③

相近种 **拟蚕豆岩黄蓍** ***Hedysarum ussuriense*** Schischk. & Kom. 总状花序腋生，稍超出叶，花多数，具花梗，花萼钟状，萼齿不等长，花冠淡黄色④。

shòucǎo

绶草

Spiranthes sinensis (Pers.) Ames

科属：兰科，绶草属。

生境：林地、灌丛、草地或河滩沼泽中。

花期：7~8月。

茎较短，近基部生2~5枚叶。叶片宽线形或宽线状披针形，极罕为狭长圆形，直立伸展，先端急尖或渐尖，基部收狭具柄状抱茎的鞘。花茎直立；总状花序具多数密生的花，呈螺旋状扭转；花苞片卵状披针形；子房纺锤形，扭转；花小，紫红色、粉红色或白色，在花序轴上呈螺旋状排生；萼片下部靠合，中萼片狭长圆形，舟状，与花瓣靠合呈兜状；侧萼片偏斜，披针形，先端稍尖；花瓣斜菱状长圆形，先端钝；唇瓣宽长圆形，基部凹陷呈浅囊状。①②③④

xiùxiànjú

绣线菊 空心柳，珍珠梅

Spiraea salicifolia L.

科属：蔷薇科，绣线菊属。

生境：河岸、湿草原、空旷地和山沟中。

花期：6~8 月。

直立灌木。小枝稍有棱角，黄褐色。叶长圆状披针形，先端突尖或渐尖，具锐锯齿，有时为重锯齿。圆锥花序长圆形或金字塔形；花密集；萼筒钟状；萼片三角形；花瓣卵形，先端常圆钝，粉红色；雄蕊约 50 枚，约长于花瓣 2 倍。蓇葖果直立，宿存萼片常反折。①②③

相近种　土庄绣线菊 ***Spiraea pubescens*** Turcz. 叶片菱状卵形至椭圆形，先端急尖，基部宽楔形，边缘自中部以上有深刻锯齿，有时 3 裂；花瓣卵形、白色④。

fǎngùmǎxiānhāo

返顾马先蒿

Pedicularis resupinata L.

科属：玄参科，马先蒿属。

生境：湿润草地及林缘。

花期：6~8 月。

多年生草本。茎上部多分枝。叶均茎生，互生或中下部叶对生；叶卵形或长圆状披针形，有钝圆重齿，齿上有浅色胼胝或刺尖，常反卷。总状苞片叶状。花萼长卵圆形，前方深裂，萼齿 2 枚；花冠淡紫红色，花冠筒基部向右扭旋，下唇及上唇成返顾状，上唇上部两次稍膝状弓曲，顶端成圆锥状短喙，背部常被毛，下唇稍长于上唇，锐角开展，中裂片较小，略前凸。①②③④

shānliǎo

山蓼 肾叶山蓼

Oxyria digyna (L.) Hill

科属：蓼科，山蓼属。
生境：高山山坡及山谷砾石滩。
花期：6~7 月。

多年生草本。茎直立，单生或数个自根茎生出，具细纵沟。无茎生叶，稀具 1~2 枚小叶。基生叶肾形或圆肾形，先端圆钝，基部宽心形，近全缘；托叶鞘短筒状，膜质，偏斜。花两性；圆锥状花序，分枝稀疏；苞片膜质，每苞内具 2~5 朵花。花梗细长，中下部具关节；花被片 4 枚，果时内 2 枚增大，倒卵形，紧贴果实，外 2 枚反折；雄蕊 6 枚，花丝钻状，花药长圆形。瘦果卵形，扁平，双凸，两侧具淡红色膜质翅。①②③④

shǒushēn

手参

Gymnadenia conopsea (L.) R. Br.

科属：兰科，手参属。

生境：山坡林下、草地或砾石滩草丛中。

花期：6~8 月。

濒危种。多年生草本。茎基部具 2~3 枚叶鞘；中部以下具 3~5 片叶，下部两叶较大，椭圆状卵形或倒卵状匙形；上部叶披针形，向上渐小如苞片状。总状花序，长圆柱形，花密生；花粉红色；中萼片宽卵形或卵状披针形；侧萼片斜卵形，先端钝；花瓣比萼片宽，与中萼片近等长，边缘细齿状；唇瓣宽倒卵形或菱形，先端 3 裂，中裂片较大；花距细长，弧形弯曲；蕊柱短，花药生于蕊柱顶端，蕊喙小；柱头近棒状，子房纺锤形。蒴果长卵形，无柄。①②③④

suìhuāmǎxiānhāo

穗花马先蒿

Pedicularis spicata Pall.

科属：玄参科，马先蒿属。

生境：草地，溪流旁及灌丛中。

花期：7~9月。

一年生草本。茎单一或多条，上部常多分枝，分枝4条轮生。基生叶常早枯，较小；茎生叶多4枚轮生，具柄，叶长圆状披针形或线状窄披针形，羽状浅裂或深裂，具尖锯齿。穗状花序顶生，苞片长于萼；花萼短钟形，膜质透明，前方微裂，齿后方1枚较小，余4枚两两结合，三角形；花冠红色，冠筒在萼口向前近直角膝曲，上唇额部高凸，下唇大。蒴果歪窄卵形，上部向下弓曲。①②③④

hóngهhuālùtícǎo

hónghuālùtícǎo

红花鹿蹄草

Pyrola asarifolia subsp. ***incarnata***
(DC.) Haber & Hir. Takah.

科属：杜鹃花科，鹿蹄草属。
生境：针叶林、针阔叶混交林或阔叶林下。
花期：6~7月。

常绿匍匐小灌木。叶圆形至倒卵形，边缘中部以上具1~3对浅圆齿；叶柄短。花芳香，着花小枝总花梗状；花梗纤细；萼筒近圆形，萼檐裂片狭尖，钻状披针形；花冠淡红色或白色，裂片卵圆形；柱头伸出花冠外。①②

相近种　**兴安鹿蹄草** ***Pyrola dahurica*** (Andres) Kom. 总状花序有5~10朵花，花倾斜，稍下垂，花冠展开，碗状，较小，白色③。**肾叶鹿蹄草** ***Pyrola renifolia*** Maxim. 花葶细长，具花2~5朵；花冠碗状，白色微带淡绿色④。

chángyàobābǎo

长药八宝 石头菜，蝎子掌

Hylotelephium spectabile (Boreau) H. Ohba

科属：景天科，八宝属。

生境：低山多石山坡上。

花期：8~9月。

多年生草本。茎直。叶对生或3片叶轮生，卵形至宽卵形或长圆状卵形，全缘或多或少有波状牙齿。伞房状聚伞花序顶生，直径7~11厘米，花密生，直径约1厘米，花梗长2~4毫米；萼片5枚，线状披针形至宽披针形，渐尖；花瓣5枚，淡紫红色至紫红色，披针形至宽披针形，渐尖；雄蕊10枚，花药紫色；鳞片5个，长圆状楔形，先端有微缺；心皮5枚，狭椭圆形，花柱长约1.2毫米。蓇葖果直立。①②③④

qiànshí

芡实

刺莲藕，鸡头米

Euryale ferox Salisb.

科属：睡莲科，芡属。

生境：池塘、湖沼中。

花期：7~8 月。

一年生大型水生草本。具白色须根。初生叶沉水，后生叶圆盾状；浮水叶革质，椭圆肾形至圆形，盾状，全缘；叶柄及花梗粗壮，圆柱状，中空，皆有硬刺。花梗顶生 1 朵花。萼片披针形，肉质；花瓣多数，成 3~5 轮排列，向内渐变成雄蕊；外轮鲜紫红色，中层紫红色，具白斑，内层内面白色，外面具紫红色斑点；雄蕊多数；子房下位，柱头红色。①②③④

yùchánhuā

玉蝉花 东北鸢尾，花菖蒲

Iris ensata Thunb.

科属：鸢尾科，鸢尾属。

生境：沼泽地或河岸的水湿地。

花期：6~7 月。

近危种。多年生草本。植株基部围有叶鞘残留的纤维；根状茎粗壮，斜伸。叶条形，中脉明显。花茎实心；苞片 3 枚，近革质，坚硬，平行脉突出，包 2 朵花。花深紫色；外花被裂片倒卵形，中脉有黄色条斑；内花被裂片窄披针形；雄蕊花药紫色；花柱分枝扁，稍拱形弯曲。蒴果长椭圆形，6 肋明显。种子棕褐色，扁平，边缘翅状。①②③④

huāqígān

花旗杆

Dontostemon dentatus (Bunge) Ledeb.

科属：十字花科，花旗杆属。

生境：山地、岩石隙间、山坡或林边。

花期：5~7 月。

二年生草本。高 10~50 厘米。茎单一或分枝。叶椭圆状披针形，两端渐狭，两面稍具毛，边缘有数个疏牙齿；上部叶无柄，下部叶有柄。总状花序顶生或腋生，结果时长 10~20 厘米；萼片椭圆形，具白色膜质边缘，背面稍被毛；花瓣淡紫色，倒卵形，先端钝，基部具爪。长雄蕊花丝成对合生，花药分离，无蜜腺，短雄蕊离生，其基部每侧各有 1 个蜜腺；子房无柄，无毛，花柱短，柱头头状。长角果长圆柱形或狭条形。种子棕色，长椭圆形。①②③④

máoèxiāngjiè

毛萼香芥

Clausia trichosepala (Turcz.) Dvorak

科属：十字花科，香芥属。

生境：在山坡。

花期：5~8月。

二年生草本。茎直立，多为单一，有时数个，不分枝或上部分枝。基生叶在花期枯萎，茎生叶长圆状椭圆形或窄卵形，顶端急尖，基部楔形，边缘有不等尖锯齿。总状花序顶生；花直径约 1 厘米；花梗短；萼片直立，外轮 2 片条形，内轮 2 片窄椭圆形；花瓣倒卵形，基部具线形长爪；花柱极短，柱头显著 2 裂。长角果窄线形；果梗水平开展，增粗种子卵形，浅褐色。①②③④

báishānlóudǒucài

白山耧斗菜

Aquilegia japonica Nakai & Hara

科属：毛茛科，耧斗菜属。
生境：山坡草地。
花期：7 月。

多年生草本。茎通常单一，直立，不分枝或有时在上部少分枝。叶全部基生，少数，为二回三出复叶，小叶卵圆形，三全裂，全裂片楔状倒卵形，顶端三浅裂，浅裂片有 2~3 浅圆齿；具长叶柄。花 1~3 朵，中等大；苞片线状披针形，一至三浅裂；萼片蓝紫色，开展，椭圆状倒卵形，顶端钝或近圆形；花瓣瓣片黄白色至白色，短长方形，顶端钝圆，距紫色，末端弯曲呈钩状；雄蕊约与瓣片等长，花药宽椭圆形，灰色或黄色；退化雄蕊膜质，白色。①②③④

dàzìdùjuān

大字杜鹃

Rhododendron schlippenbachii Maxim.

科属：杜鹃花科，杜鹃属。
生境：低海拔山地阴坡林下。
花期：5月。

近危种。灌木。分枝多。叶着生在梢端，通常5片，近水平辐状，形成“大”字形，叶片纸质，倒卵形，叶脉明显，全缘；叶柄几无。伞形花序，2~5朵花，先叶开放或与叶同时开放；萼片5枚，长圆形，绿色，边缘具腺毛；花冠大，广钟形，粉红色，稀为白色，裂片倒卵形或椭圆形，内面有红紫色斑点；雄蕊10枚，5枚长5枚短，花丝中下部有细毛，花药长圆形，顶孔开裂；子房卵形，花柱与花冠几等长。蒴果长卵形，暗褐色。①②③④

gāoshāndùjuān

小叶杜鹃 **高山杜鹃**

Rhododendron lapponicum
(L.) Wahlenb.

科属：杜鹃花科，杜鹃属。
生境：高山、苔原、多岩石地或沼泽。
花期：5~7 月。

常绿小灌木。叶革质，长圆状椭圆形或卵状椭圆形，先端有短突尖头，下面淡黄褐或红褐色；叶柄被鳞片。花序顶生，伞状，有 3~5 朵花。花萼带红紫色，被鳞片；花冠宽漏斗状，淡紫蔷薇色或紫色，稀白色，外面平滑，冠筒短于裂片；雄蕊 5~10 枚；子房 5 室，花柱较雄蕊长。蒴果长圆状卵形，密被鳞片。①②③

相近种 **叶状苞杜鹃** ***Rhododendron redowskianum*** Maxim. 矮生落叶小灌木；花梗具叶状苞片；花冠辐状，1 侧分裂几达基部；花柱短于花冠④。

jiànbàochūn

箭报春

Primula fistulosa Turkev.

科属：报春花科，报春花属。

生境：低湿地、草甸地和沙质草地。

花期：5~6 月。

多年生草本。基生叶密集丛生，质较薄，长圆状倒披针形至长圆形，基部下延成翼状柄，先端渐尖，稀钝，边缘具不整齐的浅齿，两面疏被短毛。花葶粗壮，中空，果期高可达 20 厘米，顶部缢缩，具细棱，顶部通常被短毛，花序呈球状伞形，有花数十朵；苞片多数，长圆状卵形或卵状披针形，基部通常膨胀呈浅囊状，先端尖，外面被短毛，花梗等长，被短毛；萼筒杯状或钟状，裂片外面被短毛；花冠筒瓶状，花冠蔷薇色或带红紫色，裂片 2 深裂；子房近圆形。①②③④

jiānèlóudǒucài

尖萼耧斗菜

Aquilegia oxysepala Trautv. & C. A. Mey.

科属：毛茛科，耧斗菜属。

生境：山地杂木林边和草地中。

花期：5~6 月。

多年生草本。基生叶为二回三出复叶，具长柄，中央小叶楔状倒卵形；茎生叶与基生叶相似。单歧聚伞花序，花数朵，苞片小；花大而美丽，微下垂；萼片 5 枚，长圆状披针形或卵状披针形，紫红色；花瓣 5 枚，淡黄色，比萼短，先端圆状截形，距末端弯曲成螺旋状或钩状；雄蕊多数，与花瓣近等长，花药黑色，退化雄蕊约 10 枚；心皮 5 枚。①②③

相近种　**耧斗菜** *Aquilegia viridiflora* Pall. 萼片黄绿色，窄卵形；花瓣黄绿色，瓣片宽长圆形，与萼片近等长，距直或稍弯④。

máoruǐlǎoguàncǎo

毛蕊老鹳草

Geranium platyanthum Duthie

科属：牻牛儿苗科，老鹳草属。

生境：山地林下、灌丛和草甸。

花期：6~7 月。

多年生草本。单叶，互生，叶片肾状五角形，掌状 5 中裂或略深，裂片菱状卵形，边缘有羽状缺刻或粗牙齿，尖头；茎叶有长柄，顶部的无柄。聚伞花序顶生，花序柄 2~3 枚出自 1 对叶状苞片腋间，顶端各有花 2~4 朵；萼片 5 枚，卵状椭圆形，先端具短尖；花瓣 5 枚，紫蓝色，雄蕊 10 枚；花柱先端 5 裂，果后伸长。①②③

相近种　**线裂老鹳草** ***Geranium soboliferum*** Kom. 花序腋生和顶生，长于叶，花瓣紫红色，宽倒卵形④。

shízhú

石竹

Dianthus chinensis L.

科属：石竹科，石竹属。
生境：草原和山坡草地。
花期：5~6 月。

多年生草本。节部膨大。叶披针形或线状披针形。花顶生单一或 2~3 朵簇生，花梗长，集成聚伞状花序；萼圆筒形，有时带紫色，萼齿直立，披针形，边缘膜质，先端凸尖；瓣片通常红紫色或粉紫色，广椭圆状倒卵形至菱状广倒卵形，基部楔形，上缘具不规则牙齿。①②

相近种　**头石竹** ***Dianthus barbatus*** var. ***asiaticus*** Nakai 花梗极短，花密集成头状，红紫色③。**瞿麦** ***Dianthus superbus*** L. 花瓣　状深裂成狭条或细丝，淡红色或带紫色④。

yīngcǎo

樱草

Primula sieboldii E. Morren

科属：报春花科，报春花属。

生境：林下湿处。

花期：5月。

近危种。多年生草本。叶3~8枚，基生，卵状长圆形至长圆形，边缘具齿。伞形花序1轮，花5~15朵；具花梗；萼钟形，裂片5枚，三角状披针形，稍开展；花冠紫红色至淡红色，稀白色，呈高脚碟状，裂片5枚，倒心形，平展，先端2裂；雄蕊5枚；花柱长于雄蕊。蒴果近圆形。①②

相近种　**粉报春** ***Primula farinosa*** L. 花冠紫红色，高脚碟状，裂片倒心形，顶端深凹缺③。**岩生报春** ***Primula saxatilis*** Kom. 花冠淡紫红色，裂片倒卵形，先端深凹缺④。

yínghóngdùjuān

迎红杜鹃

Rhododendron mucronulatum Turcz.

科属：杜鹃花科，杜鹃属。
生境：山地灌丛。
花期：4~6月。

灌木。多分枝。叶厚纸质，互生，狭椭圆形至椭圆形，先端锐尖至短渐尖，基部楔形；叶柄短。花1~3朵着生在前一年枝的顶端，多先叶开放，稀与叶近同时开放；花萼短，裂片5枚；花冠宽漏斗状，淡紫红色；雄蕊10枚，不等长，花药长圆形，花柱长于花丝、花冠。蒴果短圆柱形，暗褐色。①②③

相近种 兴安杜鹃 ***Rhododendron dauricum*** L. 花梗短，萼片小，花冠紫红色，雄蕊10枚，超出花冠，花药倒卵形，红紫色④。

yuányèqiānniú

圆叶牵牛 喇叭花，牵牛花

Ipomoea purpurea (L.) Roth

科属：旋花科，番薯属。

生境：田边、路边、宅旁或山谷林内。

花期：8~10 月。

一年生缠绕草本。叶圆心形或宽卵状心形，基部圆，心形，顶端锐尖，通常全缘，偶有 3 裂；花腋生，1~5 朵成聚伞花序；苞片线形；萼片近等长，外面 3 片长椭圆形，渐尖，内面 2 片线状披针形；花冠漏斗状，紫红色、红色或白色，花冠管通常白色；雄蕊与花柱内藏。①②③

相近种　**牵牛** ***Ipomoea nil*** (L.) Roth 叶片通常 3 裂，外萼片披针状线形④。

báitóuwēng

大碗花，羊胡子花 **白头翁**

Pulsatilla chinensis (Bunge) Regel

科属：毛茛科，白头翁属。

生境：草丛、林边或干旱多石的坡地。

花期：4~5 月。

多年生草本。根圆锥形，粗直。基生叶多数，三出；叶片宽卵形，3 全裂，中央裂片通常具柄，3 深裂，侧生裂片较小，不等 3 裂；叶柄长 5~7 厘米。花葶 1~2 枝；总苞的管裂片条形；萼片 6 枚，排成 2 轮，蓝紫色，披针形或卵状披针形；无花瓣；雄蕊多数；心皮多数；聚合果瘦果密集呈圆形，宿存花柱羽毛状。①②③④

chuíhuābǎihé

垂花百合

Lilium cernuum Kom.

科属：百合科，百合属。
生境：草丛或灌木林中。
花期：7月。

易危种。多年生草本。鳞茎广卵形或卵形；鳞片披针形，白色，鳞茎上方茎上生根。茎直立，高 20~70 厘米，圆柱形。叶条形，基部无柄，中脉明显，边缘稍反卷。花 1~6 朵排成总状花序；花梗上升，顶端下弯；花粉红色，下部有紫色斑点，下垂，具香气；花被片 6 枚，2 轮排列，披针形，反卷，蜜腺两边密生乳头状突起；雄蕊 6 枚，向外伸展，花丝长 2 厘米，无毛，花药长圆形，背部着生；子房圆柱形，花柱长于子房，柱头膨大，稍 3 裂。蒴果直立，卵圆形。①②③④

dōngběiyùzān

东北玉簪

Hosta ensata F. Maek.

科属：百合科，玉簪属。
生境：林边或湿地上。
花期：8 月。

多年生草本。叶基生，披针形或长圆状披针形，先端尖或渐尖，基部楔形，具 4~8 对弧形脉。花葶由叶丛中抽出，在花序下方的花葶上具 1~4 枚白色膜质的苞片，为卵状长圆形；总状花序，具花 10~20 朵；苞片宽披针形，膜质；花紫色或蓝紫色；花被下部结合成管状，上部开展呈钟状，先端 6 裂；雄蕊 6 枚，稍伸出花被外；子房圆柱形，3 室，每室有多数胚珠，花柱细长，明显伸出花被外。蒴果长圆形，室背开裂。种子多数，黑色。①②③④

xiānhuánglián

鲜黄连

Plagiorhegma dubium Maxim.

科属：小檗科，鲜黄连属。

生境：林下、灌丛或山坡阴湿处。

花期：5~6 月。

多年生草本。根状茎短，外皮暗褐色，内皮鲜黄色；须根发达，形成密集的根系。叶基生，具长柄；叶片近圆形，花后增大，基部深心形，顶端微凹，边缘波状。花茎单一，由基生叶间抽出，顶端着生 1 朵花；花两性；萼片 4 枚，卵形，紫红色，早落；花瓣 6~8 枚，天蓝色，倒卵形；雄蕊 8 枚，离生，花药 2 瓣裂；雌蕊单一，子房上位，长卵圆形，花柱短，柱头 2 浅裂。蒴果纺锤形。种子长圆形或倒卵形。①②③④

xīngānbáitóuwēng

兴安白头翁

Pulsatilla dahurica
(Fisch. ex DC.) Spreng.

科属：毛茛科，白头翁属。
生境：山地草坡。
花期：5~6 月。

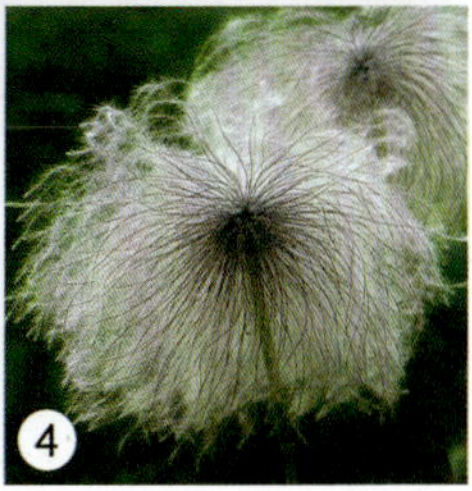

基生叶 7~9 枚，有长柄；叶片卵形，基部近截形，三全裂或近似羽状分裂，一回中全裂片有细长柄，又三全裂，二回裂片深裂，深裂片狭楔形或宽线形，全缘或上部有 2~3 小裂片或牙齿，一回侧全裂片无柄或近无柄，不等三深裂；具长叶柄。花葶 2~4 枝，直立；总苞钟形，裂片与基生叶裂片相似；花梗果时增长；花近直立；萼片紫色，椭圆状卵形，顶端微钝。聚合果直径约 10 厘米；瘦果狭倒卵形，花柱宿存。①②③④

xīsūn

溪荪 东方鸢尾

Iris sanguinea Donn ex Hornem.

科属：鸢尾科，鸢尾属。

生境：沼泽地、湿草地或向阳坡地。

花期：5~6月。

多年生草本。基生叶条形，先端渐尖，具数条纵脉。花茎直立，具1~2枚茎生叶；花2~3朵，顶生；苞片3枚，披针形，顶端渐尖；花蓝色或蓝紫色；花被管较短，外花被裂片倒卵形或椭圆形，基部有黑褐色的网纹及黄色的斑纹，内花被裂片倒披针形；花药黄色，花丝白色、丝状；花柱分枝扁平，顶端裂片三角形，有细齿。①②③

相近种　**燕子花** ***Iris laevigata*** Fisch. 花蓝紫色，花被管上部稍膨大，似喇叭形，外花被有1条黄色或白色斑纹；花柱分枝扁平，花瓣状④。

yǔjiǔhuā

雨久花

Monochoria korsakowii Regel & Maack

科属：雨久花科，雨久花属。

生境：池塘、湖沼靠岸的浅水处和稻田中。

花期：7~8 月。

多年生直立水生草本。根状茎粗壮，下生多数纤维根。叶片广心形或卵状心形，先端渐尖，基部心形，全缘，具弧形脉；基生叶叶柄长，茎生叶叶柄短，基部扩大成宽鞘，抱茎，常呈紫色。圆锥花序或少为总状花序，顶生，长出于叶，具 7~10 朵花或更多。花蓝色；花被片 6 枚，椭圆形，顶端圆钝；雄蕊 6 枚，花药黄色；子房卵形。蒴果长卵圆形。种子长圆形，有纵棱。①②③④

cuìjú

翠菊 江西腊，五月菊

Callistephus chinensis (L.) Nees

科属：菊科，翠菊属。

生境：荒地、草丛、水边或疏林阴处。

花期：5~10 月。

一年生或二年生草本。茎直立，单生，有纵棱；中部茎叶卵形、菱状卵形或匙形或近圆形，顶端渐尖，具柄。头状花序单生于茎枝顶端。总苞半圆形；总苞片 3 层，近等长，外层长椭圆状披针形或匙形，中层匙形，内层苞片长椭圆形。雌花 1 层，蓝色或浅蓝色至近白色，舌片具短管部；两性花花冠黄色，檐部约为管部 4 倍。瘦果长椭圆状倒披针形，稍扁。外层冠毛宿存，内层冠毛雪白色，顶端渐尖，易脱落。①②③④

shānfēipéng

山飞蓬

Erigeron alpicola Makino

科属：菊科，飞蓬属。
生境：高山草地。
花期：7~9 月。

多年生草本。斜升或稀横卧，常分枝；茎数个，直立。基部叶密集，莲座状，倒卵形、匙形或倒披针形，全缘，具明显的 3 条脉；下部叶倒披针形，中部和上部叶披针形或线状披针形，顶端尖。头状花序单生于茎端；总苞半圆形，总苞片 3 层，线状披针形；外围的雌花 2 层，舌状，舌片平，淡紫色，稀白色；中间的两性花管状，黄色，管部短，檐部漏斗状；花药伸出花冠；瘦果倒披针形。①②③④

zǐhuāyějú

紫花野菊 山菊

Chrysanthemum zawadskii Herbich

科属：菊科，菊属。

生境：草原及林间草地、林下和溪边。

花期：7~9 月。

多年生草本。叶具翼状柄，广卵状三角形或近菱形，二回羽状中裂至全裂。头状花序，少数或多数，排列成伞房状；总苞片 3~4 层，覆瓦状排列；边花 1 层，雌性，花冠舌状，紫红色，先端 3 齿裂或全缘；中央花多数，两性，花冠管状，黄色，先端 5 齿裂。无冠毛。①②

相近种 **小山菊** ***Chrysanthemum oreastrum*** Hance 舌状花白色或粉红色，舌片先端 3 齿或微凹③。**楔叶菊** ***Chrysanthemum naktongense*** Nakai 舌状花白色、粉红色或淡紫色，顶端全缘或 2 齿④。

lòulú

郎头花，祁州漏芦 漏芦

Rhaponticum uniflorum (L.) DC.

科属：菊科，漏芦属。
生境：山坡丘陵地、松林下或桦木林下。
花期：6~7 月。

多年生草本。茎簇生或单生，灰白色。基生叶及下部茎生叶椭圆形、长椭圆形、倒披针形，羽状深裂，侧裂片 5~12 对，椭圆形或倒披针形，有锯齿或二回羽状分裂，具长柄；中上部叶渐小，与基生叶及下部叶同形并等样分裂，有短柄；叶柔软，两面灰白色。头状花序单生茎顶；总苞半圆形，总苞片约 9 层，先端有膜质宽卵形附属物，浅褐色。小花均两性，管状，花冠紫红色。瘦果楔状；冠毛褐色，多层，向内层渐长，糙毛状。①②③④

měihuāfēngmáojú

美花风毛菊 球花风毛菊

Saussurea pulchella (Fisch.) Fisch.

科属：菊科，风毛菊属。

生境：草原、林缘、灌丛、沟谷草甸。

花期：8~10月。

多年生草本。基生叶长圆形，羽状深裂或全裂，裂片线形或披针状线形，全缘，或分裂或有齿；下部与中部茎生叶与基生叶同形并等样分裂；上部叶披针形或线形，无柄。头状花序排成伞房状或伞房圆锥花序；总苞圆形或球状钟形，总苞片6~7层。小花淡紫色。瘦果黄褐色；冠毛2层，淡褐色。①②③

相近种 **高岭风毛菊** ***Saussurea tomentosa*** Kom. 头状花序单一，总苞钟形，覆瓦状排列，紫褐色，下部黄色，花紫色，花冠管状④。

wěiníhúcài

假升麻 **伪泥胡菜**

Serratula coronata L.

科属：菊科，伪泥胡菜属。

生境：林地、草原、草甸或河岸。

花期：8~10 月。

多年生草本。叶互生，叶片羽状深裂，顶裂片较大，侧裂片 3~8 对，长圆状披针形。头状花序数个，生于枝端；总苞广钟形，基部圆形，总苞片 7~8 层；花异型，紫色，边花雌性，花冠管状，4 裂，稀 3~5 裂；中央花两性，花冠管状，先端 5 裂。①②③

相近种　**钟苞麻花头** ***Klasea centauroides*** subsp. ***cupuliformis*** (Nakai & Kitag.) L. Martins 总苞广钟形，花冠管状，先端 5 裂，裂片条形④。

gǒuwáhuā

狗娃花

Aster hispidus Thunb.

科属：菊科，紫菀属。

生境：荒地、路旁、林缘及草地。

花期：7~9 月。

一年生或二年生草本。基部及下部叶于花期枯萎，叶倒卵形，基部渐窄成长柄，全缘或有疏齿，中部叶长圆状披针形或线形，常全缘，上部叶条形；叶质薄。头状花序单生枝端，排成伞房状；总苞半圆形，总苞片 2 层，线状披针形，草质，或内层菱状披针形而下部及边缘膜质。舌状花舌片浅红色或白色，线状长圆形；管状花管部略长于裂片。瘦果倒卵圆形；冠毛在舌状花极短，白色，膜片状，或部分带红色；管状花冠毛糙毛状，初白色，后带红色，与花冠近等长。①②③④

guǎngbùxiǎohóngménlán

库莎红门兰 # 广布小红门兰

Ponerorchis chusua (D. Don) Soo

科属：兰科，小红门兰属。

生境：林地、灌丛、草地或高山草甸中。

花期：6~8 月。

地生草本。茎直立，具 2~3 枚叶，叶长圆状披针形至线形，先端尖，基部鞘状抱茎。花序具 1~20 余朵花，多偏向一侧。苞片披针形或卵状披针形；花紫红色或粉红色；中萼片直立，舟状，与花瓣靠合呈兜状，侧萼片向后反折，斜卵状披针形；花瓣直立，斜窄卵形至宽卵形，前侧近基部膨出，与中萼片靠合呈兜状；唇瓣前伸，3 裂；距圆筒状或圆筒状锥形。①②③

相近种　卵唇盔花兰 *Galearis cyclochila* (Franch. & Sav.) Soo 花淡粉红色或白色

zhūyáhuā

猪牙花 母猪牙，山芋头

Erythronium japonicum Decne.

科属：百合科，猪牙花属。

生境：林下湿润地。

花期：4~5 月。

易危种。多年生草本。鳞茎圆柱状，淡黄褐色。叶 2 枚，极少 3 枚，生于植株中部以下，具长柄；叶片椭圆形至披针状长圆形，先端骤尖或急尖，基部圆形，有时楔形，全缘；叶幼时，表面有不规则的白色斑纹，老时表面具不规则的紫色斑纹。花单朵顶生，下垂，较大；花被片 6 枚，排成 2 轮，长圆状披针形，紫红色而基部有 3 枚齿状的黑紫色斑纹，开花时强烈反卷；雄蕊 6 枚，花丝近丝状，花药广条形，黑紫色。蒴果稍圆形，有 3 条棱。①②③④

bùdàilán

布袋兰

Calypso bulbosa

var. ***speciosa*** (Schltr.) Makino

科属：兰科，布袋兰属。
生境：云杉林下或其他针叶林下。
花期：4~6 月。

易危种。地生草本。假鳞茎近椭圆形或近圆筒状，根状茎细长。叶 1 枚，卵形或卵状椭圆形，基部近平截；叶柄长 2~3 厘米。花葶长达 12 厘米，中下部有 2~3 个筒状鞘。苞片膜质，披针形，下部圆筒状包花梗和子房，花梗和子房纤细；花单朵；萼片与花瓣相似，向后伸展，线状披针形；唇瓣扁囊状，腹背扁，3 裂，侧裂片半圆形，近直立，中裂片前伸，铲状；囊前伸，有紫色斑纹，末端双角状；蕊柱两侧有宽翅，覆盖囊口。①②③④

dàhuāsháolán

大花杓兰

Cypripedium macranthos Sw.

科属：兰科，杓兰属。

生境：林地或草坡。

花期：6~7 月。

濒危种。多年生草本。叶通常 5 枚，长椭圆形至宽椭圆形，全缘，基部渐狭成鞘状抱茎，叶脉弧形；花苞片下部者叶状，但明显小于下部叶片。花顶生，紫色，常 1 朵，偶见 2 朵；中萼片宽卵形；合萼片比中萼片短与狭，先端二齿状裂；花瓣卵状披针形；唇瓣卵圆形，内折侧裂片舌状三角形；退化雄蕊矩圆状卵形；花药扁圆形。①②③

相近种　杓兰 ***Cypripedium calceolus*** L. 花苞片叶状，唇瓣黄色，其余部分紫红色④。

yáng'ěrsuàn

羊耳蒜

Liparis campylostalix Rchb. f.

科属：兰科，羊耳蒜属。
生境：林下、灌丛中或草地阴蔽处。
花期：6~8 月。

地生草本。假鳞茎卵形，被白色薄膜质鞘。叶 2 枚，卵形或近椭圆形，膜质或草质，基部成鞘状柄，无关节。花序具花数朵至 10 余朵。花常淡绿色，有时粉红色或带紫红色；萼片线状披针形；侧萼片稍斜歪；花瓣丝状，唇瓣近倒卵形，长 6~8 毫米，有不明显细齿或近全缘，基部渐窄；蕊柱长 2.5~3.5 毫米，上端略有翅，基部扩大。蒴果倒卵状长圆形；果柄长 5~9 毫米。①②③④

báixiān

白鲜 白膻，山牡丹

Dictamnus dasycarpus Turcz.

科属：芸香科，白鲜属。

生境：灌丛、草地或疏林下。

花期：5月。

多年生草本。全株有强烈香气；根肉质粗长，淡黄白色。茎直立，基部木质。奇数羽状复叶互生，小叶9~13枚，纸质，椭圆形、长圆形或长圆状披针形，先端渐尖，基部楔形，无柄，具细锯齿，上面密被油腺点。总状花序顶生，花梗基部有条形苞片1枚；花大，淡紫色或白色；萼片5枚，宿存，下面一片下倾并稍大；雄蕊10枚，伸出于花瓣外。蒴果5室，成熟时5裂，裂瓣顶端具尖喙。种子近圆形，黑色。①②③④

兜被兰

二叶兜被兰

Neottianthe cucullata (L.) Schltr.

科属：兰科，兜被兰属。
生境：山坡林下或草地。
花期：8~9 月。

陆生兰。块茎近圆形或广椭圆形。茎纤细。基生叶 2 枚，卵形、披针形或狭椭圆形，基部近圆形或渐狭，具短鞘，先端急尖或渐尖；茎中部具 2~3 枚披针形鳞片状叶，先端尾状渐尖。总状花序，具数朵至 10 余朵花，花常偏向一侧，花紫红色；苞片披针形；萼片与花瓣靠合成盔瓣状，萼片披针形，中部以下靠合成兜状，中萼片侧萼片与中萼片近等大，稍弯曲；侧花瓣线形，较萼片稍短，先端钝或渐尖；距圆锥状。①②③④

liǔlán

柳兰

Chamerion angustifolium (L.) Holub

科属：柳叶菜科，柳兰属。

生境：山区半开旷或开旷较湿润处。

花期：6~9 月。

多年生丛生草本。茎不分枝或上部分枝，圆柱状。叶螺旋状互生，稀近基部对生，中上部的叶线状披针形或窄披针形，基部钝圆，无柄。花序总状；下部的苞片叶状。花萼片紫红色，长圆状披针形；花瓣粉红色或紫红色，稀白色，稍不等大，上面 2 枚较长大，倒卵形或窄倒卵形，全缘或先端具浅凹缺；花药长圆形；花柱开放时强烈反折，花后直立，柱头 4 深裂。①②③④

qiánmáyèlóngtóucǎo

美汉花，芝麻花 **荨麻叶龙头草**

Meehania urticifolia (Miq.) Makino

科属：唇形科，龙头草属。
生境：混交林或针叶林林下苔藓中阴湿处。
花期：5~6 月。

①

②

③

④

多年生草本。茎直立，细弱，顶部不育枝，常伸长为柔软的匍匐茎，节外生根。叶片心形或卵状心形，通常茎中部叶较大，基部心形，先端渐尖或急尖，边缘具疏或密锯齿或圆齿。轮伞花序或假总状花序；花萼钟形，略二唇形，上唇 3 枚齿稍大，下唇 2 枚齿略短。果期花萼基部稍膨大。花冠淡蓝紫色或蓝紫色，花冠筒上部膨大，冠檐二唇形，上唇直立，顶端 2 浅裂或深裂，侧裂片小；下唇伸长，3 裂，中裂片大，顶裂微凹；雄蕊 4 枚；花柱细长。①②③④

qiānqūcài

千屈菜

Lythrum salicaria L.

科属：千屈菜科，千屈菜属。

生境：河岸、湖畔、溪沟边和潮湿草地。

花期：7~9 月。

多年生草本。宿根木质状。茎直立，多分枝，四棱形或六棱形。叶对生或 3 枚轮生，狭披针形，先端钝或渐尖，基部心形或圆形，无柄，有时略抱茎，全缘。总状花序顶生；苞片阔披针形或三角状卵形。花两性，数朵簇生于叶状苞片腋内，具短梗；花萼筒状，顶端具 6 枚齿；萼片 6 枚，三角形；附属体线状，直立；花瓣 6 枚，紫色，生于萼筒上部；雄蕊 12 枚，6 枚长 6 枚短，排成 2 轮；子房上位，2 室。蒴果包藏于萼内，椭圆形，2 裂，裂片再 2 裂。①②③④

shānluóhuā

山罗花

Melampyrum roseum Maxim.

科属：玄参科，山罗花属。
生境：山坡灌丛及高草丛中。
花期：夏秋。

直立草本。茎通常多分枝，少不分枝，近于四棱形。叶柄短，叶片披针形至卵状披针形，顶端渐尖，基部圆钝或楔形。苞叶绿色，仅基部具尖齿至整个边缘具多条刺毛状长齿，较少几乎全缘的，顶端急尖至长渐尖。萼齿长三角形至钻状三角形，生有短睫毛；花冠紫色、紫红色或红色，筒部长为檐部长的2倍左右。蒴果卵状渐尖，直或顶端稍向前偏。种子黑色。①②③④

lúnyèmǎxiānhāo

轮叶马先蒿

Pedicularis verticillata L.

科属：玄参科，马先蒿属。

生境：湿润处。

花期：7~8月。

多年生草本。基生叶具柄，叶片条状披针形或矩圆形，羽状深裂至全裂，裂片具缺刻状齿；茎生叶通常4枚叶轮生，叶片较基生叶短。总状花序顶生，花稠密；苞片叶状；花萼球状卵圆形，常紫红色，萼齿5枚，后方1枚小，其余4枚两两结合成三角形的大齿，近全缘；花冠紫红色，盔略弓曲，额圆形，下缘端微凸尖，下唇比盔长1/3；花柱稍伸出。蒴果多少披针形，顶端渐尖，黄褐色至茶褐色。种子卵形，黑褐色。①②③④

sōngmáocuì

松毛翠

Phyllodoce caerulea (L.) Bab.

科属：杜鹃花科，松毛翠属。
生境：亚高山草原、苔原、灌丛和草甸。
花期：6~7 月。

①

②

③

④

常绿小灌木。地面上直立枝条，多分枝。叶互生，硬革质，近无柄，条形，边缘有尖而小的细锯齿，两面光绿色，仅中脉明显。花 1 朵或 2~5 朵生于枝顶，多腺毛；花梗细长，稍下弯，基部有 2 片宿存苞片；花萼裂片 5 枚，披针形，紫红色，有腺毛；花冠壶状，口部有 5 枚齿，带红色或紫堇色，外面疏生腺毛；雄蕊 10 枚，花丝基部有腺毛，花药长形，紫色，顶孔开裂，不具附属物；子房 5 室，上部有腺毛，花柱不伸出。蒴果近圆形，直立，从顶端室间 5 瓣开裂。①②③④

guāngèqīnglán

光萼青兰

Dracocephalum argunense Fisch. ex Link

科属：唇形科，青兰属。

生境：山坡草地、沙质草甸或灌丛中。

花期：6~8 月。

多年生草本。茎多数自根状茎生出，不分枝或少分枝。叶有短柄或近无柄，长圆状披针形或线状披针形；花序上的叶广披针形或卵状披针形。轮伞花序密集于茎顶 2~4 节上；苞片比萼片短或稍长，卵状披针形，先端锐尖，全缘；花萼呈不明显二唇形，齿锐尖，常带紫色，上唇 3 枚齿，中齿披针状卵形，较侧齿宽，侧齿披针形，下唇 2 枚齿，披针形；花冠二唇形，蓝紫色，上唇 2 浅裂，下唇 3 裂，中裂片较大。①②③④

luòxīnfù

红升麻，马尾参 **落新妇**

Astilbe chinensis (Maxim.) Franch. & Sav.

科属：虎耳草科，落新妇属。
生境：山谷、溪边、林地、草甸等处。
花期：6~9月。

多年生直立草本。根状茎暗褐色，粗壮，须根多数。茎无毛。基生叶二至三回三出复叶，小叶卵状长圆形至卵形，先端短渐尖至急尖，基部楔形、浅心形至圆形，边缘具齿；茎生叶2~3枚，较小。圆锥花序顶生，较狭；苞片卵形，较花萼稍短；花萼5枚，深裂；花瓣5枚，紫色，条形；雄蕊10枚，花丝青紫色；花药紫色，成熟后呈米色；心皮2枚。蓇果。①②③④

huārěn

花荵 电灯花，穴菜

Polemonium caeruleum L.

科属：花荵科，花荵属。

生境：草甸、草丛、疏林下或溪流附近。

花期：6~8月。

多年生草本。根状茎横走。茎直立，不分枝。奇数羽状复叶，小叶15~21枚，小叶无柄，叶片披针形或狭披针形，先端渐尖，基部近圆形，全缘。顶生聚伞圆锥花序，具多花；花梗纤细；花萼筒形，具短腺毛，裂片三角形；花冠宽钟形，蓝色，裂片圆形，长为花冠筒的2倍；雄蕊着生于花冠筒上部，伸出，基部有须毛；花柱1个，柱头3裂，远伸出花冠之外。①②③④

jiégěng

铃当花 # 桔梗

Platycodon grandiflorus (Jacq.) A. DC.

科属：桔梗科，桔梗属。

生境：阳处草丛、灌丛中，少生于林下。

花期：7~9 月。

多年生草本。茎直立，不分枝，极少上部分枝。叶轮生、部分轮生至全部互生，卵形、卵状椭圆形或披针形，基部宽楔形至圆钝，顶端急尖，边缘具细锯齿。花单朵顶生，或数朵集成假总状花序，或有花序分枝而集成圆锥花序；花萼筒部半圆球状或圆球状倒锥形，裂片三角形或狭三角形，有时齿状；花冠漏斗状钟形，蓝色或紫色，5 裂；雄蕊 5 枚，离生，花丝基部扩大成片状；蒴果球状、球状倒圆锥形或倒卵圆形。①②③④

shīdìwùwàngcǎo

湿地勿忘草

Myosotis caespitosa Schultz

科属：紫草科，勿忘草属。

生境：溪边、水湿地及山坡湿润地。

花期：6~8 月。

多年生草本。具细匍匐形根状茎。茎疏生糙伏毛，茎单一或由基部分枝。茎下部叶具柄，中部以上叶无柄，倒披针形或条状披针形，顶端钝，基部渐狭。花序长达 10 厘米；花具短梗，果期斜开展；花萼果期长约 4 毫米，具糙伏毛，5 浅裂，裂至花萼长度的 1/2，钟状，裂片三角状披针形，微锐尖；花天蓝色，花冠檐部直径约 4 毫米，裂片 5 枚，卵圆形，旋转状排列，花冠筒与花萼近等长，喉部具附属物 5 个；雄蕊 5 枚，内藏；子房 4 裂。小坚果卵形。①②③④

bànzhōngtiěxiànlián

半钟铁线莲

Clematis sibirica* var. *ochotensis
(Pall.) S. H. Li & Y. H. Huang

科属：毛茛科，铁线莲属。
生境：山谷、林边及灌丛中。
花期：5~6 月。

①

②

③

④

木质藤本。三出复叶至二回三出复叶；小叶 3~9 枚，窄卵状披针形至卵状椭圆形，顶端钝尖，基部楔形至近于圆形，常全缘；小叶柄短。花单生，钟状；萼片 4 枚，淡蓝色，长方椭圆形至狭倒卵形；退化雄蕊成匙状条形，顶端圆形；雄蕊短于退化雄蕊，花丝线形而中部较宽，花药内向着生；心皮 30~50 枚。瘦果倒卵形，棕红色，微被淡黄色短柔毛，宿存花柱。①②③④

zǐwǎn

紫菀 还魂草，山白菜

Aster tataricus L. f.

科属：菊科，紫菀属。

生境：低山阴坡湿地、低山草地及沼泽地。

花期：7~9 月。

多年生草本。叶疏生，基生叶长圆形或椭圆状匙形，基部渐窄成长柄，边缘具齿；茎下部叶匙状长圆形，基部渐窄或骤窄成具宽翅的柄，除顶部外有密齿；中部叶长圆形或长圆状披针形，无柄，全缘或有浅齿；上部叶窄小；叶厚纸质。头状花序，多数在茎枝顶端排成复伞房状，花序梗长，有线形苞叶；总苞半圆形，总苞片 3 层，覆瓦状排列，线形或线状披针形，带红紫色。舌状花约 20 朵，舌片蓝紫色。瘦果倒卵状长圆形，紫褐色；冠毛 1 层，污白色或带红色。①②③④

蓝刺头 驴欺口

Echinops davuricus Fisch. ex Hornem.

科属：菊科，蓝刺头属。

生境：山坡草地及山坡疏林下。

花期：6~9 月。

1

2

3

4

多年生草本。基生叶叶柄基部扩展抱茎；叶片长圆形，羽状深裂，裂片长卵形至长圆状披针形，羽状半裂或具锐齿状凹缺，边缘具睫毛状小刺；茎中部叶羽状深裂，无柄；茎上部叶渐小，无柄，披针形，羽状浅裂或为刺状缺刻。复头状花序生于茎顶或分枝顶端，蓝色；总苞外被刚毛，总苞片多层，覆瓦状排列；花冠管状，蓝色，先端 5 深裂，管部具腺点。瘦果圆柱形，密被毛，冠毛冠状。①②③④

chángbáijídòu

长白棘豆 老鹳草，毛棘豆

Oxytropis anertii Nakai

科属：豆科，棘豆属。

生境：冻原、草甸、草原或石缝等处。

花期：6~8 月。

多年生草本。奇数羽状复叶；托叶中部以下与叶柄合生，卵状披针形，小叶 9~13 枚，卵形、卵状披针形或长圆形，基部圆，先端渐尖或近锐尖，边缘稍反卷。花序梗与叶近等长；总状花序生于花序梗顶端，2~7 朵花密集如头状；花梗极短；苞片卵状披针形，萼筒状；花冠淡蓝紫色或蓝紫色，偶有白色，旗瓣广倒卵形，有长爪，顶端具深凹，翼瓣比旗瓣短，顶端微凹，有耳和细长爪，龙骨瓣稍短于翼瓣，顶端喙很短。荚果卵形至长圆卵形。①②③④

zǐhuāyěbǎihé

紫花野百合

羊屎蛋，野百合

Crotalaria sessiliflora L.

科属：豆科，猪屎豆属。

生境：荒地路旁及山谷草地。

花期：5 月至翌年 2 月。

直立草本。单叶，叶条形或条状披针形，两端狭尖；托叶极细小，刚毛状。总状花序顶生或腋生，有花 2~20 朵，紧密；苞片与小苞片极相似，条形，小苞片着生在花梗上部；花梗短，结果时下垂；萼有棕黄色长毛，萼齿先端尖；花冠蝶形，紫色或淡蓝色，与萼等长，旗瓣圆形，翼瓣较旗瓣短，倒卵状矩圆形，龙骨瓣与翼瓣等长，内弯，具喙；雄蕊 10 枚合生，花药二型；花柱细长。荚果圆柱形。①②③④

cuìquè

翠雀 鸽子花，鸡爪连图

Delphinium grandiflorum L.

科属：毛茛科，翠雀属。

生境：山地草坡或丘陵沙地。

花期：5~10 月。

多年生草本。茎被反曲而贴伏的短柔毛，上部有时无毛。基生叶与茎下部叶具长柄，被有与茎上同样的毛，叶片圆五角形，3 深裂，中央裂片全裂。总状花序，花 3~15 朵，下部苞片叶状，上部苞片条形，小苞片生花梗中上部。轴及花梗密被贴伏的白色短柔毛；萼片 5 枚，蓝紫色，椭圆形；距钻形，直或末端稍下弯；花瓣蓝色，无毛，顶端圆形；退化雄蕊蓝色，瓣片广椭圆形，先端微凹下，腹面中央有黄色髯毛；雄蕊多数；心皮 3 枚，直立。种子倒卵状四面体形。①②③④

xuánshuòjùtái

牛耳草，石花子 **旋蒴苣苔**

Boea hygrometrica (Bunge) R. Br.

科属：苦苣苔科，旋蒴苣苔属。

生境：山坡路旁岩石上。

花期：7~8 月。

多年生无茎草本。叶全部基生，莲座状，近圆形、圆卵形或卵形，上面被白色贴伏长柔毛，下面被白色或淡褐色贴伏长绒毛，边缘具牙齿或波状浅齿。聚伞花序伞状，2~5 条，每花序具花 2~5 朵；花萼钟状，深裂至近基部，裂片 5 枚，稍不等，上唇 2 枚略小，线状披针形；花序梗被淡褐色短柔毛和腺状柔毛；花冠淡蓝紫色，上唇 2 裂，下唇 3 裂；退化雄蕊 3 枚。蒴果长圆形。①②③④

báitùrwěimiáo

白兔儿尾苗

Pseudolysimachion incanum (L.) Holub

科属：玄参科，穗花属。
生境：草原及沙丘上。
花期：6~8月。

多年生草本。植株全体密被白色绵毛，呈白色，仅叶上面较稀而呈灰绿色。叶对生，上部的有时互生，矩圆形至宽条形，顶端钝至急尖，基部楔状渐窄；下部的叶具长达 2 厘米的柄，上部的近无柄，叶缘具圆钝齿或全缘。花序长穗状；花冠蓝色，蓝紫色或白色，裂片常反折，圆形、卵圆形至卵形；雄蕊略伸出。①②③

相近种　**大穗花** ***Pseudolysimachion dauricum*** (Steven) Holub 花冠白色或粉色，裂片卵圆形至长卵形④。

cǎoběnwēilíngxiān

轮叶婆婆纳 # 草本威灵仙

Veronicastrum sibiricum (L.) Pennell

科属：玄参科，腹水草属。

生境：路边、山坡草地及山坡灌丛内。

花期：7~9 月。

1

2

3

4

多年生草本。叶 3~9 枚轮生，近无柄或具短柄；叶片广披针形、长圆状披针形或倒披针形，基部楔形，先端渐尖或锐尖，近革质，边缘具尖锯齿。花序顶生，多花集成长尾状穗状花序，单一或分歧，花无梗或近无梗，有时具短柄；苞片条形，顶端尖；花萼 5 深裂，裂片条形或线状披针形；花冠淡蓝紫色、红紫色、紫色、淡紫色、粉红色或白色，花冠比萼裂片长 2~3 倍，顶端 4 裂，裂片卵形，不等长；雄蕊 2 枚，外露。蒴果卵形或卵状椭圆形。①②③④

shāngěngcài

山梗菜

Lobelia sessilifolia Lamb.

科属：桔梗科，半边莲属。

生境：平原或山坡湿草地。

花期：7~10 月。

多年生草本。茎圆柱状，通常不分枝。叶螺旋状排列，在茎的中上部较密集，无柄，厚纸质；叶片宽披针形至条状披针形，边缘有细锯齿。总状花序顶生，苞片叶状，窄披针形，比花短；花萼筒杯状钟形，全缘；花冠蓝紫色，近二唇形，上唇 2 裂片长匙形，较长于花冠筒，上升，下唇裂片椭圆形，约与花冠筒等长；雄蕊在基部以上连合成筒。①②③④

běiwūtóu

草乌，鸡头草，蓝附子 **北乌头**

Aconitum kusnezoffii Rchb.

科属：毛茛科，乌头属。
生境：山坡或草甸上。
花期：7~9 月。

①

②

③

④

多年生草本。叶片近五角形，掌状三深裂，基部心形，中央裂片菱形，羽状深裂，小裂片披针形，侧裂片斜扇形。顶生总状花序，花序下部有分枝，具花梗，萼片紫蓝色；上萼片盔形或高盔形，具喙，下萼片长圆形；距向后弯曲或拳卷；花丝上部细丝状，中下部加宽；心皮 5 枚。①②

相近种　**长白乌头** ***Aconitum tschangbaischanense*** S. H. Li & Y. H. Huang 叶的全裂片多少细裂③。**高山乌头** ***Aconitum monanthum*** Nakai 叶的全裂片多少细裂，花序轴和花梗均无毛④。

duōhuājīngǔcǎo

多花筋骨草

Ajuga multiflora Bunge

科属：唇形科，筋骨草属。

生境：山坡疏草丛、草地或灌丛中。

花期：4~5 月。

多年生草本。基生叶通常早枯；茎生叶椭圆状卵圆形至近长圆形，有时为卵状披针形，基部楔形至圆形，抱茎，先端钝或稍尖。轮伞花序在茎顶部通常排列紧密而呈穗状，每轮通常具花 6~10 朵；萼钟形，萼齿 5 枚，边缘有长缘毛；花冠蓝紫色或蓝色，筒状而下部稍狭或狭漏斗状，冠檐二唇形，上唇短、2 裂，下唇伸长、宽大、3 裂，中裂片较大、顶端常 2 浅裂；雄蕊 4 枚，伸出花冠外，前雄蕊较大；花柱超出雄蕊。①②③④

堇叶延胡索

Corydalis fumariifolia Maxim.

科属：罂粟科，紫堇属。
生境：林缘或灌木丛中。
花期：3~5月。

①

②

③

④

多年生草本。茎直立或上升，上部具2~3片叶。叶二至三回三出，小叶多变，全缘至深裂。总状花序具花5~12朵。苞片宽披针形，卵圆形或倒卵形。花梗纤细，直立伸展。萼片小，不明显。花淡蓝色或蓝紫色，稀紫色或白色；内花瓣色淡或近白色。外花瓣较宽展，顶端下凹。蒴果线形，常呈红棕色。①②③

相近种　**齿瓣延胡索** ***Corydalis turtschaninovii*** Besser 花瓣4枚，蓝紫色，上唇顶端2浅裂，有短尖，边缘有波状圆齿，下唇2裂，有短尖④。

gàngliǔ

杠柳 北五加皮，羊角梢

Periploca sepium Bunge

科属：萝藦科，杠柳属。

生境：林缘、沟坡、河边沙质地。

花期：5~6 月。

落叶蔓性灌木。主根圆柱形，灰褐色，内皮淡黄色。茎灰褐色；小枝常对生，具纵纹及皮孔。叶膜质，披针状长圆形，先端渐尖，基部楔形，侧脉 20~25 对；叶柄长约 3 毫米。聚伞花序腋生，常成对。花梗长约 2 厘米；花萼裂片三角状卵形；花冠紫色，辐状，花冠筒裂片椭圆形中间加厚呈纺锤状，反折；副花冠裂片无毛。①②③④

cháoxiǎnbáitóuwēng

朝鲜白头翁

Pulsatilla cernua

(Thunb.) Berchtold & Presl

科属：毛茛科，白头翁属。

生境：山地草坡。

花期：4~5月。

1

2

3

4

多年生草本。根状茎发达；基生叶多数，具长叶柄，基部较宽；叶片卵形，羽状全裂，各裂片又 2~3 深裂，小裂片披针形，先端浅裂或具缺刻状牙齿，叶片基部心形。花葶近顶部稍弯曲，总苞近钟形，掌状深裂，裂片狭倒卵形或近条形，先端三浅裂；花梗长。萼片 6 枚，紫红色，半开展。聚合果圆形；瘦果倒卵状长圆形。①②③

相近种　**细叶白头翁** ***Pulsatilla turczaninovii*** Krylov & Serg. 花直立，萼片蓝紫色，卵状长圆形或椭圆形④。

cǎocōngróng

草苁蓉

Boschniakia rossica

(Cham. & Schltdl.) B. Fedtsch.

科属：列当科，草苁蓉属。

生境：山坡、林下低湿处及河边。

花期：5~7月。

二年生寄生植物。根状茎瘤状膨大。茎直立，肉质，紫褐色。叶鳞片状，多数密集于茎基部，三角形或卵状三角形，先端尖，紫褐色，茎基部密集，中部稀疏。穗状花序，花多数，密集，暗紫红色；苞片卵形，锐尖，萼杯状，不规则5齿裂；花冠唇形，筒基部膨大成囊状，上唇直立，头盔状，近全缘，下唇极短，3裂；雄蕊4枚，2枚强，伸出花冠外；心皮2枚，胎座4个，花柱伸出花冠外，柱头2浅裂。蒴果近圆形，二瓣裂，种子卵形，极小，多数，淡黄色。①②③④

guānmùtōng

木通马兜铃，万年藤

关木通

Aristolochia manshuriensis Kom.

科属：马兜铃科，马兜铃属。
生境：阴湿的阔叶和针叶混交林中。
花期：6~7 月。

近危种。木质藤本。主干茎皮暗灰色。叶片宽卵状心形至圆心形，先端钝或稍尖，基部深心形，边缘全缘，上表面绿色，下面淡绿色，具长叶柄。花单生于短枝叶腋；花梗稍弯曲；花被筒成马蹄形弯曲，由基部向上逐渐膨大，外面淡绿黄色，具紫色条纹，里面褐色或黄绿色，近顶端处突然内曲如烟斗状，顶端 3 裂，黄色；子房圆筒形，合蕊柱三棱形，雄蕊成对贴生于柱头。蒴果褐色，圆柱状，成熟时 6 瓣开裂。种子淡灰褐色。①②③④

ruǎnzǎomíhóutáo

软枣猕猴桃

Actinidia arguta

(Siebold & Zucc.) Planch. ex Miq.

科属：猕猴桃科，猕猴桃属。

生境：山地林中。

花期：4 月。

落叶大藤本。叶互生；叶片稍厚，卵圆形至椭圆状卵形，顶端锐尖或具长尾尖；叶柄较长。聚伞花序腋生，花 3~6 朵；萼片 5 枚，长圆状卵形或椭圆形；花瓣 5 枚，绿白色，倒卵圆形；雄花具多数雄蕊，花药暗紫色。浆果多汁而芬芳。①②

相近种　**狗枣猕猴桃** ***Actinidia kolomikta*** (Maxim. & Rupr.) Maxim. 髓茶褐色，叶有白斑，花白色或红色③。**葛枣猕猴桃** ***Actinidia polygama*** (Siebold & Zucc.) Maxim. 髓实心，白色，叶片间有白斑；花白色④。

suǒnàcǎo

唢呐草

Mitella nuda L.

科属：虎耳草科，唢呐草属。

生境：林下或水边。

花期：6~9 月。

多年生草本。根状茎细长。茎无叶或具叶 1 片。基生叶 1~4 枚，叶心形或肾状心形，基部心形，不明显 5~7 浅裂，具牙齿，叶柄较长；茎生叶与基生叶同型，具短柄。总状花序疏生数花。花梗被腺毛；萼片近卵形，单脉；花瓣羽状 9 深裂，裂片常线形；雄蕊 10 枚，较萼片短；2 枚心皮大部合生，子房半下位，花柱 2 个，柱头 2 裂。蒴果 2 个，果瓣最上部离生，被腺毛。种子黑色，有光泽，窄椭圆形。①②③④

běimǎdōulíng

北马兜铃 天仙藤，铁扁担

Aristolochia contorta Bunge

科属：马兜铃科，马兜铃属。

生境：山坡灌丛、沟谷两旁以及林缘。

花期：5~7 月。

1

2

3

4

草质藤本，长达 2 米以上。叶卵状心形或三角状心形，先端短尖或钝，基部心形，两面无毛；具叶柄。总状花序具花 2~8 朵，稀单花；花序梗极短。花梗长 1~2 厘米；小苞片卵形；花被筒长 2~3 厘米，基部圆形，向上骤缢缩成直管，长约 1.4 厘米，管口漏斗状，檐部一侧扩大成卵状披针形舌片，先端渐窄成线形弯扭长尾尖，黄绿色，具紫色网纹及纵脉；花药卵圆形，合蕊柱 6 裂。蒴果宽倒卵形或椭圆状倒卵圆形。种子三角状心形，具膜质翅。①②③④

èryèshéchúnlán

二叶舌唇兰

Platanthera chlorantha (Custer) Rchb.

科属：兰科，舌唇兰属。

生境：山坡林下或草丛中。

花期：6~7 月。

多年生草本。茎直立。基生叶 2 枚，叶片椭圆形、倒披针状椭圆形，先端钝或急尖，基部渐狭成鞘状柄。穗状花序顶生，具花十余朵；苞片披针形或卵状披针形；花白色、带绿色，背萼片宽卵状三角形，侧萼片椭圆形，较背萼片狭；花瓣偏斜，基部较宽大，唇瓣浅形，肉质；距弧曲而呈镰刀状，先端钝。①②③

相近种　**尾瓣舌唇兰** ***Platanthera mandarinorum*** Rchb. f. 花黄绿色；侧萼片反折，偏斜；花瓣淡黄色，唇瓣下垂，距细圆筒状，向后斜伸④。

chángbáihóngjǐngtiān

长白红景天

Rhodiola angusta Nakai

科属：景天科，红景天属。

生境：高山草原或山坡石上。

花期：7~8 月。

近危种。多年生草本。主根常不分枝。花茎直立，稻秆色，密着叶。叶互生，线形，先端稍钝，全缘或上部有齿。伞房状花序，多花或少花，雌雄异株；萼片 4 枚，线形；花瓣 4 枚，黄色，长圆状披针形，先端钝；雄蕊 8 枚，较花瓣稍短或同长，对瓣雄蕊着生花瓣基部偏上；鳞片 4 枚，近四方形；心皮在雄花中不育，在雌花中心皮披针形，直立，先端渐尖，柱头头状。蓇葖 4 枚，紫红色，直立，先端稍外弯；种子披针形，两端有翅。①②③④

中文名索引

拉丁名索引

D

R

S

T

图片摄影者

（图片摄影者及页码、图片编号）

周繇 1①②③④,2①②,3①②③④,4①②③④,5①②③④,6①②③④,7①②③④,8①②③④,9①②③④,11①②③④,12①②④,13①②③④,14①②③④,15①②③④,16①②③④,17①②④,18①②③④,19①②③④,20①②③④,21①②③④,22①②③④,23①②③④,24①②③④,25①②③④,26①②③④,27①②③④,28①③④,30①②③④,31①②③④,32①②③④,33①②③④,34①②③④,35①②③④,36①②③④,37①②③④,38①②④,39①②③④,40②③④,41①②③④,42①②③④,43①②③④,44①②③④,45①②③,46①②③,47①③④,48①②③④,49①②③,50①②③④,51①②③④,52①②③④,53①②③④,54①②③④,55①②③④,56①②③④,57①②③④,58①②③④,59①②③④,60①②③④,61①②③④,62①②③④,63①②③④,64①②③④,65①②③④,66①②③④,67①②③④,68①②③④,69①②③④,70①②③④,71①②③④,72①②③④,73①②③④,74①②③④,75①②③④,76①②③④,77②,78①②③④,79①②③④,80①②③④,81①②③④,82②③④,83①②③④,84①②③④,85①②③④,86①②③④,87①②③④,88①②,89①②③④,90①②③④,91①②③④,92①②③④,93①②③,94①②③④,95①②③④,96①②③④,97①②③④,98①②③④,99①②③④,100①②③④,101①②③④,102①②③④,103①②③④,104①②,105①②③④,106①②③,107①②③,108①②③④,109①②③④,110①②③④,111①②③④,112①②③④,113②③,114①②③④,115①②④,116①②③,117①②③④,118①②,119①②③④,120①③④,121①②③④,122①②,124①②③④,125①②③④,126①②③④,127①②③④,128①②③④,129①②③④,130①②③④,131①②③④,132①②③④,133①②③④,134①②③④,135①②③④,136①②③④,137①②③④,138①②③,139①②③④,140①②③④,141③④,142①②③④,143①②③④,144①②③④,145①②,146①②③④,147①②③④,148①②③④,149①②③④,150①②③④,151①②③④,152①②③④,153①③④,154①②③,155①②③,156①②③④,157①②③,158①②③,159①③④,160①③④,161①②③④,162①②③④,163②③④,164①②③④,165①②③④,166①②④,167①②③④,168①②③④,169①②③④,170①②③④,171①②③④,172①②③④,173①②③④,174①②③④,175①②③④,176①②③④,177①②④,178①②③④,179①②③④,180①②③④,181①②③④,182①②③④,183①②③④,184①②③④,185①②③④,186①②③④,187①②③④,188②③④,189①②③④,190①②③④,191①②③④,192①②③④,193①③④,194①②③④,195①,196①②③④,197①②③④,198①②③④,199①②③④,200①②③④,201①②④,202①②③④,203①②③④,204①②③④,205①②③④,206①②③④,207①②③④,208①②③④,209③,210①②③④,212①②③④,213①②④,214①②③④,215①②③,216①②③④,217①②③④,218①②③④,219①②③④,220①②③④,221①②③④,222②③,223①②③,224①②③④,225①②③④,226①②③,227①②③④,228①②③④,229①②③,230①②③④　李敏 17③,28②,29①②,38③,40①,49④,82①,116④,141②,145④,157④,159②,160②,163①,177③,201③,209①②,222①④　刘冰 12③,107④,113①,122③④,123①②③④,145③,153②,209④,211①③,213③,215④,226④　刘军 2③④,10①②③,29③,77①,138④,141①,154④,229④　李光波 47②,93④,104③④,195②③④　姜云传 45④,77③,120②,188①　陈又生 193②,211②④　徐晔春 77④,158④,166③　敖光魁 118③④　刘夙 10④,29④　饶军 88③④　石尚德 113④,223④　金宁 155④　南程慧 106④　王栋 46④　王文元 115③